图 像 分 析

〔法〕玛蒂娜·乔丽 著
怀 宇 译

天津人民出版社

图书在版编目（CIP）数据

图象分析／（法）乔丽著；怀宇译．—天津：
天津人民出版社，2012.6
（法国大学128丛书）
ISBN 978－7－201－07488－7

Ⅰ.①图... Ⅱ.①乔...②怀... Ⅲ.①图象分析
Ⅳ.①TP391.41

中国版本图书馆 CIP 数据核字（2012）第 050237 号

天津人民出版社出版

出版人：刘晓津

（天津市西康路 35 号　邮政编码：300051）

邮购部电话：(022)23332469

网址：http://www.tjrmcbs.com.cn

电子信箱：tjrmcbs@126.com

天津市永源印刷有限公司印刷　新华书店经销

2012 年 6 月第 1 版　2012 年 6 月第 1 次印刷

787×1092 毫米　32 开本　5.625 印张

字　数：100 千字

定　价：12.80 元

Introduction à l'analyse de l'image

Martine JOLY

©NATHAN UNIVERSITE 2001

Cet ouvrage est publié avec le concours du
Ministère français des Affaires étrangères

本书的出版承蒙法国外交部的资助，特此致谢

目　　录

致克里斯蒂安·梅斯①

前　　言

看，看，直到不再是自身。

"马克罗尔、卡维耶洛与画家阿勒让德罗·奥
布勒贡②之间的真实交注关系。"

——阿勒瓦洛·米蒂斯《最后的面孔》③

这本书的目的，在于帮助作为"图像消费者"的我们，
更好地理解图像借以传递讯息的方式。

说我们生活在"图像文明"之中，似乎代表了有关我们
时代特征的最被人接受的观点，这种观点不断地被人们重

① 克里斯蒂安·梅斯（Christian Metz, 1915—1995）：生前为高等社会科
学学院教授，法国电影符号学研究先驱。——译注
② 阿勒让德罗·奥布勒贡（Alejandro Obregon, 1920—1992）：祖籍为西
班牙的哥伦比亚画家。——译注
③ 阿勒瓦洛·米蒂斯（Alvaro Mutis, 1923—　　）：哥伦比亚著名小说家，
马克罗尔（Maqroll）、卡维耶洛（Gaviero）为其七部系列小说中的两个人
物。——译注

复，差不多已经有三十多年了。然而，这种看法越是得到肯定，它对于我们的命运似乎就越是构成带有威胁性的压力。我们看到的图像越多，我们几乎就越是被人滥用，而我们现在只不过是刚刚见到了一丝潜在图像的曙光，这些"新的"图像为我们提供了虚幻的然而是可感觉的世界，在这些世界的内部，我们将得到进化，而不需要离开我们的卧室。

实际上，图像的使用在普及，我们在观看图像，也在制作图像，并且每天都在利用图像、破译图像、解释图像。图像有可能受到威胁的理由之一，就是我们处在一种可笑的悖论之中：一方面，我们以一种在我们看来是完全"自然的"方式在解读图像——而这种方式显然不需要任何学习；另一方面，我们似乎更为无意识地承受着某些内行人的知识的影响——这些人有可能使我们淹没在那些欺骗我们的无知编码诡秘的图像之中，并以此来"操纵"我们。

然而，没有哪种印象是绝对地得到证实的。图像分析最低的启蒙做法，准确地讲，应该帮助我们躲避被动印象即"大量灌输"的印象，并相反地，使我们感受到对于图像的"自然"解读在我们身上激活或多或少被内化了的属于习惯、历史和文化的东西。恰恰因为我们是由与图像相同的东西构成的原因，图像在我们看来才是那样熟悉，并且我们也不像我们有时认为的那样是一些实验品。

因此，这本书的目标，在于帮助我们稍微标记一下我们是以何种方式内在地从文化方面参与对图像的理解的。在我们了解了这种漫长的学习过程的几个阶段之后，我们将更能够分析和深刻地理解当代交流过程中实际上是主导性的一种工具。

步骤

首先，我们想确定一下我们的分析对象。明确指出我们在谈论"图像"时要谈什么；在各种可能的定义之中，看一下它们之间的联系，看一下是什么理论工具可以解释这种联系。至于我们，我们将停留在单一的和固定的视觉讯息方面，而对这种讯息的分析，又是研究更为复杂的讯息如固定的或活动的连续图像所必须的。我们会看到，符号学理论探索不仅可以协调"图像"一词的多种用法，而且可以在模仿、痕迹和规约之间研究图像本质的复杂性。

分析的对象一旦框定，我们就将集中研究图像分析所涉及的方方面面，研究它所拒绝的和所希望的内容可能意味着的东西，研究它所要求基本的需要慎重的地方，诸如对被分析图像地位的考虑、它所能引起的对于它出现背景的期待等。我们将考虑分析的各种功能，并考虑它们各自的分析目的在什么地方决定了它们的方法。对于一幅绘画作品的分析，将对使用某些方法起到范例的作用。

第三章将集中研究广告图像，将其看成是典范，看成是研究的领域和视觉再现的领域。一种详细的广告分析示范，将在每一个阶段为读者重提一定数量的理论，这些理论既可以鼓励分析，又可以避免使用已经遭到损害的空洞无物的表述方式。

最后，我们将提到图像与言语活动之间的互补关系，提到图像／言语活动之间的对立为什么是一种错误的对立，因为言语活动不仅参与视觉讯息的构成，而且在自反的和创造性的循环之中取代这种讯息，或者说补充这种讯息。对于介绍一幅神秘照片之形成的一页小说文字的研究，将使我们通过词语观察到图像的创造力，而尤其是摄影图像的创造力。

因此，我们看到，这本书提供了一种对于图像的理性探索，这种探索无意提供最完美的分析方法，而只想提供多种解释的可能。不过，我们希望这本书能够帮助人们更为清晰地理解即便是非常一般的讯息生产过程。

我们还要指出，为了方便读解，对于理论或历史的比较长的回顾，将放进方框之中。读者可以很容易地注意到它们，也可以根据自己的了解或兴趣去进行研究，甚至避开它们。

第一章　什么是图像

1. 图像概念：习惯与意指

图像（image）一词，以其无明显联系的各种意指被广泛使用，以至于很难给其一个涵盖所有使用方式的简单定义。实际上，在一幅儿童图画、一部影片、一幅史前石窟壁画或一幅印象派绘画、胡涂乱抹的图案、招贴画、一幅心理图、一幅商标图、"借图说话"等等之间，有什么共同点呢？有什么先后之分呢？最明显的是，尽管这个词的意指很多，但是我们都明白。我们理解，该词指某种东西，这种东西尽管并非总是指视觉事物，但它从视觉事物那里借用某些特征，并且在任何情况下都取决于一个主体的产生：不论是想象的还是具体的，图像都通过某个人——该人——或是生产图像，或是辨认图像。

难道"大自然"就不提供图像吗？难道图像不能是文化性的吗？一个有关图像的最古老定义是柏拉图提出来的，他告诉我们："我首先把影子称为图像，然后把人们在水中或在模糊的、光华的和闪亮的物体表面看到的反光和所有相似

1

的再现看成是图像。"① 因此，图像在镜子里，并且是借用相同再现方式的一切东西；我们注意到，与图像依据某些特定的规律所表现的对象来说，它已经是第二位的对象。

但是，在对图像下一个理论定义之前，我们先来看一下对该词使用的某些方面，以便尝试为其圈定共同的核心，也为了指出我们对于图像的理解为何一下子就被多少明确的并与该词密切相关的意指的光晕所限制。

1.1 作为媒体图像的图像

我们还是从"图像"一词的一般常识、其经常重复的使用方式来开始吧。"图像"一词的当代使用习惯，通常便是指媒体图像。引人注目人的图像、无处不在的图像、人们批评的并同时构成每个人日常生活一部分的图像，就是媒体图像。图像由于被大众媒体本身所昭示、所评论、所赞扬或是贬低，所以它成了电视和广告的同义词。

可是，这些词并不是同义词。当然，广告出现在电视上，但它也出现在报刊杂志上，还会出现在城市的墙上。广告并不只是视觉的。例如，还存在着广播广告。不过，媒体图像主要是被电视和视觉广告所表现。因此，《世界报》上每天的"图像"专栏，就从电视节目开始。最近的一次电视研讨会的小标题就是"图像的能力与含混性"。一些非专门的周报，通常都在"图像"的栏目下来评论广告。电视的节目都是被文字报刊还有广播电台以"图像"为题加以转载、

---

① 柏拉图：《论共和》，E·尚布里（Chambry）译，美文出版社，1949年。

转述。

电视和广告面对公众，这种媒体的本质也解释了这一点。大家都知道电视和广告。电视与广告完全利用图像。可是，图像＝电视＝广告这种混杂说法，带来了对于图像、对它的使用和理解不利的某种混乱。

第一种混乱，是将载体视同于内容了。电视是一种媒体载体，广告是一种内容。电视是一种特殊的媒体载体，除了转播其他内容外，它可以转播广告，广告是一种特殊的讯息，它可以在电视上表现出来，就像在电影上，就像在报刊和广播电台上一样。这种混乱，可以不表现得很严重，甚至并不真正地得到确立（我们很清楚，最终，广告并不是全部的电视，反过来亦然），可是，这种混乱由于得到一再重复而成为有害的。电视作为一种促销工具，甚至首先是其自身的促销工具，正趋向将其广告功能扩展到旁系领域，例如信息领域或虚构创作领域。无疑，这种电视节目体裁的标准化还有其他原因：电视的扩播，可以通过其他的方式，例如"节目化"或"虚构化"。但是，广告，由于它的重复特点，就比身边闪过的图像更为容易地进入记忆之中。

这就把我们带入我们认为是更严重的第二种混乱。这就是固定图像与活动图像之间的混乱。实际上，认为当代图像就是媒体图像，认为最好的媒体图像就是电视或录像带，就是忘记了现在的大众媒体本身也都还共同存在着我们都看做是"图像"的摄影、绘画、图案、雕刻、石印图案等，以及所有类型的视觉表达方式。

认为由于电视的出现我们就已经过了"艺术纪元而迈向

3

了视觉行为纪元"①，意在排除对于图像审视的真实的经验。我们可以审视固定的媒体图像，例如招贴画、印刷的广告，甚至还有报刊上的照片；我们可以审视绘画、艺术作品及所有属于可能的视觉创作，包括当代技术和基础设施恰好允许做到的所有类型的回顾展。这种审视使小荧屏的连续活动停了下来，从而让人对于任何视觉作品进行更加反复和更为敏锐的研究。

将当代图像与媒体图像、媒体图像与电视和广告混为一谈，不仅仅否定了当代图像的多样性，而且会对于理解图像带来有害而无益的遗漏和盲目。

1．2　对于图像的记忆

我们常常含混地想到"上帝按照人的图像来创造人"。图像一词，在这里是基础性的，它不再只是一种视觉的再现，而是一种相像（ressemblance）。在犹太基督教文化看来，绝对完美的人—图像，将柏拉图的视觉世界例如影子、理想和智力世界的"图像"重新归入到了西方哲学的基础方面来了。从卡维纳的神话到圣经，我们懂得了我们自身就是图像，就是与美、与善、与圣灵相像的存在物。

我们的童年也告诉我们，我们可以"乖得像一幅图像"。这样一来，准确地讲，图像就是不动的、停留在原地的和不说话的东西。眼下，我们不是在电视旁边，而是靠近图像书

---

① 雷吉·德布莱（Régis Debray）：《图像的生与死——西方眼光的历史》，伽利玛出版社，1992 年。

籍，是儿童们看的第一批书籍，在这种书籍里，孩子们同时可以学习说话，学习辨认形状与色彩，学习所有的动物名称。此外，"乖得像一幅图像"的儿童，长时间以来就被看成是一幅图像（有时还是恭顺的图像）。那些图像采用的是视觉的彩色再现形式，属于安静和认识。这些图像书籍，当它们变成"连环画"，就有点吵闹了，不过，它们在我们处于休息和梦幻的时刻抚育了我们的童年。娅丽丝就说过："没有图像的书，有什么用呢?"① 不动的、固定的图像，还可以沉淀成样板，于是便可以成为一幅"埃皮纳尔图像"②。

1.3 图像与起源③

因此，通过这些例子，我们看到，当代的图像源远流长。它们并不是与电视和广告一起出现的。我们已经学会将复杂的乃至矛盾的概念赋予"图像"这一术语，比如从智慧到风趣，从静止到运动，从宗教到消遣，从说明到相像，从语言到影子。对于这一点，我们通过使用"图像"一词的简单常见表达方式已经可以感觉到。然而，这些表达方式同

---

① 莱维·卡罗尔（Lewis Caroll）：《娅丽丝在美丽的国度》，伽利玛出版社，"Folio"丛书，1979 年。

② "埃皮纳尔图像"（image d'Epinal）：是由让—夏尔·佩尔兰（Jean Charles Pellerin，1756—1836）于 1796 年在埃皮纳尔市创作的连续图案，这些图案先是雕刻在木版上，然后印在纸上，内容多为宗教故事和民俗故事。后来，"埃皮纳尔图像"也被用来表述被简化了的事物。在文中，这一表达方式则有"古旧图像"之意。——译注

③ 读者会在马蒂娜·乔丽所著《图像与符号》一书中看到对于这一部分的更为完整的阐述，纳当出版社，1994 年。

样是我们整个历史的反映和产物。

　　人类之初，就有图像。不论我们注意哪一个方面，我们都会看到有图像。"人类在世界各处都以图案的形式在岩石上留下了其想象力的痕迹，这些痕迹从远古的古石器时代一直到近现代。"① 这些图案是用来传递讯息的，它们中的多数构成了人们称之为"文字的前期信件"，其采用的手段都是描绘—再现方式，这种方式只保留了对于真实事物的大体描绘和形体再现。这些图案如果是绘上去的或是涂上去的，那么它们就是"岩石画"；如果它们是刻上去的或是雕制上去的，那么它们就是"岩石雕刻画"。这些形象表现代表了人类最初的交流方式。在这些形象表现用视觉的简单方式模仿真实世界的人与事物的情况下，它们就被看做图像。人们认为，这些初期的图像有可能也与巫术和宗教有关系。

　　至于各派犹太基督教，它们都与图像有关。不仅因为宗教方面的再现表达广泛出现在西方艺术的整个历史当中，而且更为深刻地讲，是因为图像概念以及其地位也是宗教问题的一个关键问题。《圣经》中禁止制作图像，禁止拜倒在图像面前（第三戒律），说明图像就像是塑像和上帝。有一种一神教，就坚定地反对图像，也就是说反对其他所有的上帝。我们纪元的四世纪到五世纪曾经出现过动摇西方的"图像之争"，这一争论将亲圣像的人与反圣像的人对立起来，这便是质疑图像的神性本质或非神性本质的最为明显的例证。到了更靠近我们的时期，即文艺复兴时期，宗教题材的

---

　　① 杰尔布（I-J. Gelb）：《文字史》，弗拉玛里出版社，1973 年。

再现与世俗题材的再现相分离，成了绘画体裁产生的根源。拜占庭时期破坏圣像的活动，尽管受到了禁止，但影响到了西方绘画的整个历史。

实际上，在艺术领域里，图像概念主要是与视觉性再现方式联系在一起的：壁画、油画，而且包括着色装饰字母、装饰性插画、图案、雕刻、影片、录像、照片，甚至还包括合成图像。雕塑艺术则很少被看做"图像"。

可是，作为我们的"图像"一词词源的拉丁语"imago"，其意义之一就指古代罗马人举行丧葬仪式时使用的丧葬面具。这种做法，不仅使图像与死亡紧密相连——因为图像也可以是死者的幽灵或灵魂，而且使图像与艺术史和葬礼习俗联系在了一起。

图像在文字、宗教、艺术和对亡灵崇拜开始时就出现了，它也是从古代就开始的哲学思考的核心。柏拉图和亚里士多德因为同样的道理为图像和捍卫图像而进行了斗争。作为模仿性的图像，它欺骗了他们中的一个，而教育了另一个。图像，它歪曲真理，或者相反，它引导认识。在柏拉图看来，图像引诱我们灵魂中最脆弱的部分，而在亚里士多德看来，图像则借助于我们追求的乐趣而更具有效力。只有柏拉图眼中的图像是唯一能够成为哲学工具的"自然"图像（反映或影子）。

作为交流的工具或神灵的体现，图像与其所再现的事物相像或相混。由于它是视觉模仿性的，所以它可以欺骗，也可以教育。作为反映，它导致认识。如果我们还有点记忆的话，生存、神圣、死亡、知识、真理、艺术，这些都是简单的图像一词将我们相连的领域。不论是否意识到这一点，这一历史早已将我们塑造，并要我们以复杂的方式接近图像，自觉地赋予其神奇的能力，因为图像属于我们所有的神话。

1．4 图像与心理现象

人们还使用"图像"一词来谈论某些心理活动，例如心理活动再现、梦幻、图像语言等。那么，我们如何来理解呢？再就是，我们发现与前面提到的那些使用方式有什么联系呢？我们不打算对这些术语进行准确的科学上的定义，但却想以最通常的方式确定一下我们所理解了的东西。

当我们读解或理解了对于一个场所的描述的时候，心理图像就与我们所获得的印象是一致的，这时，我们就会感觉几乎像是在现场那样，看到了这一场所。心理再现几乎是以幻觉的方式出现的，它似乎从幻觉那里借用了特征。我们看得见。

心理图像有别于心理图式，因为后者汇集了足够的和必要的视觉特征来辨认某种图案、某种视觉形式。这样一来，就涉及到一种感受对象的模式，即我们将其内化了的并与某一对象相联系而且一些最小的视觉特征就足以唤起的一种形式结构：因此，人的外形简化为两个重叠的圆圈，四肢简化为四条线，这就像我们上面说过的原始联络图案，或者像是从某一年龄开始的儿童绘画，即在他们明确地内化了"人体图式"后的绘画。对于精神分析学家们来说，这种身体图式是借助于儿童在镜子中看到的自己身体的潜在图像来建立的，这种潜在图像是其心理建立和个人人格形成的基础"阶段"。①

在心理图像中，我们感兴趣的，正是这种主导性的视觉化印象，因为它接近幻觉或梦幻。就在我们过去专心证明在对一部影片的视觉活动与对幻觉和梦幻②的心理活动之间存在着亲代关系的时候，每一个方面首先感受到的是其反面：当我们回想一个梦幻的时候，我们就好像是在回想一部影片。既不是因为我们看到了，也不是因为我们醒来了，而是因为我们能够意识到"故事"（或梦幻情景）没有任何真实可言。当然，梦幻引起一种视觉的幻觉，但是其他的感觉如触觉或嗅觉也是需要的，这种情况在电影中刚刚开始。但是，是视觉记忆在主导一切，而人们则将其视为梦幻的"图像"。视觉记忆是对现实的非常相似的印象。图像与真实之间的相像或相似印象本身也是一种心理建构，我们认为在眼下并不重要。我们注意到，是我们看做心理图像的东西将视觉印象与相似印象两者结合了起来。

当我们说"自我图像"或"标志图像"时，还是指个人的或集体的一些心理过程，这些过程更强调再现的建构性和深在的同一性特征，而不太强调视觉的或相似的特征。即便我们不太赞同那种复杂的再现概念（这种概念可以涉及精

---

① 这里指的是梅拉妮·克兰（Mélanie Klein, 1882—1990, 祖籍为奥地利的英国精神分析学家——译注）、亨利·瓦隆（Henri Wallon, 1879—1962, 法国心理学家——译注）和雅克·拉康（Jacques Lacan, 1901—1981, 法国精神分析学家——译注）有关儿童对其自身身体表象的研究工作。

② 克里斯蒂安·梅斯：《想象性能指》，UGE 出版社，1977 年。

神分析学、数学、绘画、戏剧、法律等），但我们明白，它涉及心理学和社会学。庸俗地和轻而易举地在这个意义上使用"图像"一词，是相当令人吃惊的。实际上，依据企业的"形象"①、依据某位政治家的"形象"、依据某种专业的"形象"、依据某种运输方式的"形象"来工作，就变成了在商业策划、广告或各种形式的传播行业（报刊、电视、企业或地方政府间的联系，政治联系，等等）的词语中非常流行的表达方式。研究某个方面的"形象"，改变这个形象，建构这个形象等，是效能的关键词语，而不论这种效能是商业方面的②还是政治方面的。

在人文科学方面，我们也研究某位电影艺术家的"妇女"形象、"医生"形象或"战争"形象，也就是说，是在形象之中进行研究。同样，我们也可以用图像（招贴、摄影）来建构某个人的"形象"：竞选运动就是这种活动的有代表性的方面（依据情况，或多或少都能成功③）。大家都懂得要研究或建立（或多或少得以证实的）系统的心理联系，这些联系在于鉴定这样或那样的对象、这样或那样的人、这样或那样的职业，同时赋予其一定数量的在社会文化方面建立起来的特点。

我们可以考虑，在一幅影片图像或一幅摄影图像与其所

①　这里和后面采用"形象"译法来代替"图像"译法，为的是照顾行业习惯。——译注

②　参阅乔治·佩尼努（Georges Péninou）：《是、姓名、性格》一文，见《交流》杂志，N°17，门槛出版社，1971年。

③　参阅近几次密特朗或希拉克的竞选活动。

提供的某种社会类型或某个人的再现方式，即所谓的"形象"之间，有什么共同之处。它们是那样相似，以至于我们可以毫不犹豫地使用同一个术语来命名它们，而不会引起解释方面的混乱。由于在此还与另一种"图像"有关系，这种不出现混乱的情况就更令人感到惊讶：这种"图像"就是词语形象，即隐喻。实际上，为了更好地被理解，我们可以用语言唱出来，还可以通过"形象"来自我解释。

在语言中，可以说，"图像"是隐喻的普通名词。隐喻是修辞学上最为常用、最为人知和最受研究的修辞格，词典上常用"形象"来做它的同义词。我们从词语的隐喻或借助于"形象"说话所能知道的，是它们根据相似关系或可比关系使用一个词语来代替另一个词。当朱丽叶特·德鲁埃写信给维克多·雨果，说"你是我出色的和慷慨的雄狮"时，并不是说雨果是一头真正的雄师，而是她通过比照赋予了雨果动物之王——雄狮的高贵和仪表上的特征。这种方式，虽然非常庸俗，但却甚至可以非常习惯地在语言中使用，以至于修辞格被人忘却：谁还会想到，由于缝纫机的脚像山羊脚，它就被叫做"山羊脚"呢？

不管怎样，"图像"或隐喻，在当两个术语（一个明显，另一个不太明显）的靠近要求对于它们之间无可怀疑的共同点进行想象和发现的时候，这也可以是一种非常丰富的、出人意料的、富有创造性的，甚至是带有认知能力的表达方式。这就是文学上"超现实主义形象"的主要运行原则之一，当然，它也同时是绘画（玛格丽特①、达利②）或电影（比努埃尔③）的主要运行原则之一。还有其他种类的图像……

　　不过，对于"图像"一词的这种滥用，并不能解释我们通常总是小心翼翼地说的"图像泛滥"情况。在日常生活之中，电视播出了越来越多的节目，提供了使用多种包括图像甚至是简陋图像的录像带的可能性。电脑也是这样，可以让我们借助图像创作或视觉性模拟软件来使用图像。但是，荧屏增多是一回事，而荧屏是图像同义词和仅仅是图像同义词则是另一回事。在荧屏中，声音与书写也有其位置，而不是微不足道的。

　　图像确实是在一个领域里被"扩散"了，那就是科学领域。图像为这一领域提供了工作、研究、开发、模拟和预测的多种可能性，然而，这比起人们对其未来发展的预想，还是数量有限的。

1．5　科学图像学

　　图像及其潜力在所有的科学领域里都得到发展：从宇宙学到医学，从数学到气象学，从地球动力学到宇宙物理学，从信息学到生物学，从动力学到原子学等。

　　在这些不同的领域，图像完全是现象的视觉化表现。除

---

①　玛格丽特（René Magritte，1898—1967）：比利时超现实派画家。
②　达利（Salvador Dali，1904—1989）：西班牙超现实主义画家与作家。
③　比努埃尔（Luis Bunuel，1900—1983）：西班牙电影艺术家，是超现实派电影的代表。

了图像所使用的或多或少更为先进的技术之外，它们的根本区别在于，它们或者是"真实的"或"实在的"图像，即可以对于现实进行直接和仔细地观察的图像，或者就是数字化的模拟。

那些帮助观察和解释不同现象的图像，是根据对物理现象的记录来生产的：例如，在摄影之初就对光线进行记录，可以使卫星借助遥测技术来跟踪星球上沙漠地带的推进，跟踪和预测气象；可以使宇宙探测器为最远的星球拍照，就像微型摄像机拍摄人体的内部一样。

这种类型的记录，长时间以来，已经不是唯一的。例如在医学上，借助于 X 光进行透视，带来了更为专门的探索。同时，还存在着其他的方式，例如扫描仪和激光的利用，或者是磁共振图像。回音仪记录声波，然后将其在荧屏上"翻译"成视觉的东西。

视觉图像也可以依据对于红外线的记录来指明背景的温度，例如指明人体某些部位的温度。心电图或脑电图，早已使我们习惯于对电的视觉性记录。同样，对于动作的记录可以方便研究，例如眼动仪：对一位观察一幅图像的人的眼睛动作在荧屏上进行显示，属于对大脑发送的电波的探测，这种显示可以标记对象和观察者注意力的强度。

其他能力强大的观察器具，如天文望远镜或电子显微镜，都在于先是观察，然后再将无限大（银河系）和无限小（分子）复制成图像。

不过，对于这些图像的解释，并不仅仅满足于简单的观察。这种解释通常要求数字的模式化支持。这些模式化要么验证观察，要么补充观察。这些合成图像，在模拟被观察到的现象（例如云彩或波涛的翻腾，分子的第三维度）的同时，还有助于理解单是观察所不能达到的内容。但是，数字图像也可以单独处理在"实际的"图像中要观察的信息。这种"实际的"图像非常丰富，以至于人们在开始时不能正确地解读它，原因是人们都是从解读已经知道的东西开始。

模拟也可以当做不可观察事物的替代物。例如在医学上，在视觉上再现艾滋病病毒就属于这种情况。或者，为了准备一种手术，对于一个器官的深入内部的探测，也属于这种情况。学习驾驶快速列车、汽车或飞机，通过合成图像进行模式操作今后是必不可少的；图像信息处理，通过机器人使用复杂的界面，可以测试实际上无法进行的情况，例如碰撞、碰撞抗力、火灾或飓风的蔓延。

在数学上，"图像"一词可以具有一个特定的意义和一个普通的意义：一幅数学图像，是对于同一对象有别的再现，数学图像相当于这种对象，而不同于这种对象。换一个角度看，对象是同样的：一幅变形图像，一种几何投影，可以是这种"再现理论"的范例。但是，数学也使用"图像"，例如图表、形象图或数字图像，来视觉地表现方程式或使形式发生演变，观察其变形情况和探索其主导规律。这些规律可以涉及和解释一些物理现象。

在科学领域里，越来越强大和越来越细致的"实际"图像与越来越完善和超前的数字图像之间的相互作用，表明对于科学图像及其后果的解释在何种程度上是属于专家的事情。

就像忍受着疾病的身体那样，一切都几乎要因其多种形式的视觉再现而消失，那么，人类及其未来是否也几乎要消失在其"图像"之中呢？

1.6 "新图像"

"新的"图像：人们就是这样来称呼通过电脑制作的合成图像的，近些年来，这种图像又从三维再现过渡到了35毫米的电影标准胶片，并且人们可以在制作精美的大屏幕上看到它们[1]。

能力越来越强和越来越复杂的软件，可以创造出潜在的世界，并且，这些世界不仅可以出现，而且还会改变表面上不论是怎样"实际的"图像。今后，任何图像都是可操作的，并且可以打乱"实际"与潜在之间的区别。

大概是录像游戏使总之还相对地有些粗糙的合成图像变得庸俗化了。但是，从美国飞行员的训练继承下来的模拟飞行，已经进入到民间设施之中，在这些设施中，观看者承受着与其潜在地穿过的空间相联系的运动。这就是模拟飞行游戏厅的情况，但也是一些电影厅的情况，例如位于普瓦捷市的"未来科学城"[2] 的电影馆就是这样，在那种电影馆里，符号的动作与视觉化的和潜在地穿越的突起跌下的景致相一致。

---

[1] 13年以来，INA 每年都在蒙特卡罗举办"Imagina"合成图像节。

[2] "未来科学城"，位于法国西南部普瓦图—夏兰特大区首府普瓦捷市附近。——译注

更说明问题的是，建立相互作用图像，通过使用360°的球面屏幕，可以使观众完全淹没在一个潜在的宇宙当中。特制的帽子和手套可以使想象的物体变化，并使人可以完全抓住想象的物体。室内滑雪，家庭星球大战，这些普及性项目在日本已经存在。某些游戏可以使一种无性繁殖系在一个完全是潜在的装饰条件下进行繁衍。这些实践，使得我们可以预想对于各种感官的同时刺激及对于刺激的抗力、对于越来越接近实际情况的多种感官的"反馈"，进行更为复杂的研究。

广告和短片开创了特技和特殊效果的方法，我们在故事片中已经看到。"数字特技器"是一种电脑，这种电脑可以获得一些特殊的可标记的效果和其他无法感觉到的东西。变换器是在被扫描的"实际"图像上进行数字变换处理，可以使我们对图像进行无限的处理，而这则可向虚构、广告或短片提供"奇幻的"发展空间，但是在我们想到信息的时候，这又使人幻想联翩。

某些合成方法也可以使不同类型的图像之间增加界面，就像在"实际的"装饰之中加进去合成图像，相反也是如此。除了游戏，这种方式还可以在制作试验样品的时候避免开销太大。

全息照相，是一种三维的图像，也属于这种令人困惑的新的图像，一方面是因为它具有现实主义的特征，另一方面，也因为它具有完美的、漂游的复制品的幽灵般的特征，就像悬浮状态一样。

这些"新的"图像，在其提供模拟的、想象的和虚幻的世界的时候，也被称为"潜在的"图像。然而，这种"潜在的"图像的说法并不是新的，而且它在光学上指的是通过延长光线而产生的一种图像：例如水中或镜子中的图像。它已经是基本的图像，具有丰富的想象性和能产性。但是，直到现在，只有那咯索斯①、亚丽斯②、俄尔普斯③走到了镜子的另一面。

1.7 普洛透斯的形象④

在《奥德赛》一书中，普洛透斯是大海中诸神之一。他有能力变成他所希望的各种形式：动物、植物、水、火……他尤其利用这种能力来躲避那些爱问问题的人，因为他也具有预卜的天赋。

对于"图像"一词的各种使用所做的这种笼统概述，尽管不是很全面，但已经使我们感到晕眩，并让我们由此想到了普洛透斯：似乎图像可以是一切，甚至是它的反面：视觉的与无形的、制作的和"自然的"、实际的和潜在的、动态的和静态的、神圣的和世俗的、古代的和当代的、与生有关

---

① 那咯索斯（Narcisse）：希腊神话中对于水中自己的倒影产生爱情的漂亮男青年，最后憔悴而死，变为水仙花。——译注

② 见莱维斯·卡罗尔的童话故事《镜子的背面》，阿歇特少儿出版社，1984年。（莱维斯·卡罗尔［Mewis Carol，1832—1898］，英国作家和数学家，亚丽斯［Alice］是他两部童话《亚丽斯在美事之国》和《镜子的背面》中的小女主人公。——译注）

③ 俄尔普斯（Orphée，希腊神话中擅弹竖琴的能手——译注）：让·克克多（Jean Cocteau，1889—1963，法国作家和电影艺术家——译注）的影片。

④ 普洛透斯（Protée）：希腊神话中变化无常的海神。——译注

的和与死有关的、模拟的、可比的、规约的、表现的、传播的、建设性的与破坏性的、吉祥的与威胁性的，等等。

不过，尽管"图像"形式多样，但并不妨碍我们对它的使用，也不影响对它的理解。在我们看来，这仅仅是一种表面情况，这种情况至少提出了我们这本书中要思考的两个问题。

第一，图像的各种意指中必然存在着一个共同核心，这一核心避免了心理混乱。根据我们的观点，只要进行或多或少的理论思考，就可以找出这个核心，从而看得更清楚一些。

第二，为了更好地理解图像，以及理解其特性和它们传递的讯息，进行最低限度的分析是必要的。但是，在不了解我们谈论的问题和为什么要这样做的情况下，我们是不能分析图像的。而这，正是我们马上就要谈到的内容。

2. 图像与符号学理论

2.1 符号学探索

我们说过，对于图像的一种理论探索，会有助于我们理解图像的特性。实际上，考虑到我们上面提到的图像的各个方面，有多种理论可以用来研究图像：数学图像理论，信息图像理论，审美图像理论，心理图像理论，精神分析学图像理论，社会学图像理论，修辞学图像理论，等等。这样一来，我们又落入了前面所说的复杂性之中。

为了摆脱这一情况，我们应该求助于一种更为普遍的、更为包容的理论，这种理论可以使我们超越图像的各个功能性范畴。这种理论，就是符号学理论。

实际上，我们在此提出的分析方法，取决于某种数量的选择：首先，它是从意指的角度而不是从情绪或是审美快乐的角度对于图像的探索。

尽管符号学还没有完全形成，但我们可以说，在当前的情况下，从符号学角度来探索或研究某些现象，就是考虑它们产生意义的方式，换句话说，就是它们引起意指也就是说引起解释的方式。实际上，一个符号，只有在其"表述一些观念"和在感受它们的这个人或这些人的大脑中引起一种解释时才是符号。

根据这种观点，我们可以说，一切都可以是符号，因为自我们成为社会化的人之后，我们就学会了解释围绕着我们的不论是文化的还是"自然的"世界。但是，符号学家的主张，并不是破译世界，也不是记录我们赋予事物、情景、自然现象等的不同意指。那是人种学家或人类学家、社会学家、心理学家、哲学家们的工作。

符号学家的工作，更在于试图了解是否存在着不同范畴的符号，在于了解这些不同类型的符号是否具有一种特性和专有的组织规则、特殊的意指方式。

2. 2　符号学起源

作为人文科学，符号学是新近出现的一门知识。它出现在 20 世纪之初，因此，还不具备例如哲学那样比较古老的学科的"合法性",也不具备数学或物理学那种"硬"学科的合法性。像其他新的理论领域（例如精神分析学，它形成于差不多同一时代）一样，它还承受着赶时髦和过后被抛弃的后果。这样做并不严肃，而且也妨碍不了进行一种新的和活跃的思考，去发展、改进和超越某些最初的不成熟特征，尤其是帮助人们更好地理解人类及动物的交流特点。

符号学并不是在一天里突然产生的，它有其远古的根源。它的祖先可以追溯到古希腊时代，并且早已出现在医学和语言的哲学里。

首先，我们明确一下"符号学"（sémiotique）一词的词源，通常也还使用另一个词"sémiologie"。尽管事情比较复杂，我们还是想简单地指出，这两个术语并不是同义词：第一个词源自美国，是把符号学确定为语言哲学的标准术语。第二个术语源自欧洲，更被理解为对于特殊言语活动的研究（图像、手势、戏剧等）。这两个名称是依据希腊文"séméion"一词发展而来的，该词意为"符号"。因此，远在古代，人们就发现有一门医学学科名字叫做"sémiologie"。这门学科是研究不同疾病的符号甚至还是症候时的解释。医学方面的"sémiologie"或"séméïologie"一直是在医学上得到研究的学科。

但是，古人并不仅仅将医学症候看成符号。他们还把言语活动看成一种服务于人们之间交流的符号范畴或象征范畴。因此，符号概念是古老的，它是指人们感受到的并赋予其一种意指的某种事物：颜色、温度、形式、声音。

有关符号的科学，不论起源于"sémiologie"还是起源于"sémiotique"，都在于研究我们所解释的不同类型的符号，在于制定一种类型学，在于找出不同范畴符号的运行规律。建立这样一种符号学科学的想法，还是最近才有的，我们可以追溯到 20 世纪之初，其先驱者在欧洲是瑞士语言学家费尔迪南·德·索绪尔①，在美国是查里·桑代尔·皮尔士②。

2．3 语言学与符号学

索绪尔一生都在研究语言（langue），他恰恰是从语言不是我们用以交流的唯一"表达观念的符号系统"这一原则开始的。于是，他把"符号学"（sémiologie）想象成为需要建立的一门"有关符号的普通科学"③，在这种意义上，语言学，作为对语言的系统研究，将在其中占有首要的位置，并将是其研究领域。

于是，索绪尔潜心于分离语言的组成单位：首先是不具有意义的发音或音位（phonème），接着是意指的最小单位：词素（monème）（勉勉强强与词相当）或语言学符号。他后来在研究语言学符号性质的时候，把语言学符号描述成连接能指（signifiant）（声音）与所指

---

① 1857—1913。

② 1839—1914。

③ 索绪尔：《普通语言学教程》，拜奥特出版社，1974 年。

（singifié）（概念）的具有不可分开的两个面的心理实体（entité psychique）："树"的发音的总和不仅与可能在我面前的实际的树相联系，而且与树的概念相联系，这种感受是我通过经验而建立的智力工具。索绪尔用现在已经很著名的一个图的形式来表示这样的实体：

$$\frac{Sé}{St}$$

声音与意义或能指与所指之间关系的特定性，在语言之中，后来被说成是"任意的"（arbitraire），也就是说是约定俗成的，这种关系与一种所谓的"动机"关系相对立——当后者具有一些"自然的"验证方式的时候，例如相似关系或比邻关系。索绪尔解释说："姐妹观念与'soeur'一词的发音没有任何的联系，而一幅素描或油画的肖像则是由于相像而具有'动机的'符号，是通过构成其原因的肉体的比邻而留下的脚或手的痕迹。"

索绪尔也致力于描述语言符号的形式（即其形态），描述言语活动大的运行规律。他确立了方法原则，例如对立原则、替代原则或置换原则，总之，他开创了一种全新的方法、一套强有力的方法，他自己也说过："语言，作为表达系统中最复杂和最广泛的系统，也是最具有特征性的；在这个意义上，语言学可以成为任何符号学的大老板，尽管语言只是一种特殊的系统。"

差不多过了一个世纪，研究者们才从这样的预言和人们称为"崇高的语言学模式"中摆脱出来，从而进行了其他系统符号的分析。不过，对于许多方面的讯息（不论其采用了什么形式）的理解，还存在着操作的问题，因此还不能完全地摆脱理解。

我们的论述，不是讲解符号学理论自其出现以来的历史和发展，甚至也不是关于图像方面的符号学理论的历史与发展。人们可以在别处看到这样的介绍。我们想做的，是简单扼要地介绍主要的原则，在我们看来，这些原则对于更好地理解何为图像、图像在"说"什么，尤其是图像在怎么说是有可操作性的。

2.4 建立"符号理论"

在这一点上，皮尔士①的研究工作是非常珍贵的。他并没有首先研究语言，而是试图从一开始就设想一种有关符号（smiotics）的一般理论和一种非常一般的类型学，这种类型学当然包括语言，但也相对地进入到了一种更为广阔的范围之中。

一个符号具有我们通过一种或多种感官感受到的物质性。我们可以看到它（一个物体，一种颜色；一种动作），可以听到它（发声的语言，叫声，音乐，声音），可以感觉到它（各种气味：香味，烟），可以摸到它或

① 查里·桑代尔·皮尔士：《论符号》，门槛出版社，1978 年。

品尝到它。

我们所感觉到的这个东西，代替其他的某种东西，这是符号的主要特性：现在时地待在那里，却是为了指明或指示别的不存在的、具体的或抽象的东西。

绯红、苍白可以是疾病或情绪的符号；我感受到的语言的发音是我学会将其联系在一起的概念的符号；我觉察到的烟雾是火的符号；新鲜面包的气味是附近有面包店的符号；灰色云彩是雨的符号；某种手势、一封信或是打一个电话，都可以是友情的符号；我还可以认为看到一只黑猫是一种不幸的符号；在一个十字路口，红灯是禁止车辆通行的符号，等等。因此，我们看到，只要我能从中找出由我的文化所决定的、由符号的出现背景所决定的一种意指的话，一切都可以是符号。"一件实际的物体不是它所是的东西的符号，但它可能是某一个另外的物体的符号。"①

只要事物在我看来是带有某种意愿送给我的（打个招呼，一封信），该事物就构成了一种交际的行为，或者就向我提供了一些信息，因为我学习过破译这种事物（姿态，一类服装，灰色的天空）。

在皮尔士看来，一个符号是"某种东西，它为某个

---

① 埃利斯科·维隆（Elisco Veron）："相似与比邻"，见《交流》杂志，N°15，门槛出版社，1970 年。

人、在某种关系之下，或者是以某种名义，在代替某种东西"。

这个定义的价值在于，指出一个符号至少是在三个极之间（而不是像索绪尔那样是在两个极上）维持着一种牢固的关系。符号的可感觉方面——代表形式或能指（St），符号所代表的——"对象"或指代物，以及符号所意味的——"解释内容"或所指（Sé）。

这种三角关系，也极好地代表了作为符号学过程的任何符号的动力关系，其中，其意指取决于其出现的背景，就像取决于对于其接收者的期待那样。

Sé
解释

代表形式　　　　　　　　　对象
St　　　　　　　　　　　　指代对象

2.5　不同符号类型

在语言中，一个词指一种概念，可是该概念可以根据场合情况而变化。我们经常感觉到一些非常熟悉的声音，但我们会立即忘掉声音而集中于其意指。这就是我们所说的"能指的透明性"。不过，只需要听到在说我们不懂的一种语言，我们就会重新发现，一种语言首先是由声音组成的。

例如，我们听到一连串声音，而我们了解其誊写形式是"bouchon"（意为"塞子"）。这声音构成了词（或语言学符号）的能指，也就是被感知的一面，它代替或指的是"进入瓶子的嘴然后将其塞住的一种普通的柱形东西"这样的概念；但是，依据我是在做晚饭或是我休假回来收听公路信息这些不同的情况，它的同样的能指却具有极为不同的意指（或所指）①。

这些解释上的变化，不仅涉及语言学符号，而且涉及所有类型的符号甚至是自然符号。

天空中倾斜的一个闪光球体，可以是太阳，但在温带地区也可以是冬天的符号，或者在极北部地区可以是大夏天。

一套带领带的西服加上白色衬衣，对于一个男人来讲是庄重和西方式的服装。在出席一个正式活动的时候，穿这样的服装意味着不悖习俗。而在与其他衣着宽松的伙伴一起出行的时候穿上这样的服装，就意味着与其他人有距离，是一种化装。

对于"图像"的举例更说明问题，而且举例可以帮助我们更好地理解符号的本质：一幅上面有一群快乐的人（指代对象）的照片（能指），根据情况，可以意味着"全家福"照片，或者在广告中意味着"快乐"或"融洽"。

因此，尽管符号是多种多样的和变化的，但在皮尔士看来，它们都具有共同的结构，都包含着连接能指、指代对象

---

① 在做晚饭时使用该词，自然是指打开瓶子的塞子；在休假回来的路上了解公路交通的情况时，则是指"堵车"情况。——译注

和所指的这种三极动力关系。

虽然符号都有共同的结构，但它们并不都是一样的：一个词并不是一幅照片，也不是一件衣服或一个公路指向牌、一团云彩，或是一种姿态，等等。然而，它们却都可以代表它们之外的某种东西，并因此而构成符号。为了区分每一种类型的符号特性，皮尔士提出了一种极为复杂的分类方式。

我们在此重提一下他的分类中一种非常知名的方式，尽管必然是局部的分类，因为为了理解图像是像符号那样运行，这样做是很有必要的。

在这种分类中，符号依据能指（可感知的面）与指代对象（代表物，对象）而不是能指与所指的关系类型而有区别。本着这种观点，皮尔士建议将符号分为三大类：肖像符号（icone）、指示符号（indice）和象征符号（symbole）。

肖像符号，指那些其能指与其所代表的东西也就是说与其指代对象维持着一种相似关系的符号。表现一棵树或是一栋房屋的一幅素描、一幅照片、一幅合成图像，在它们与这棵树或这栋房屋"相像"的时候，就是肖像符号。

但是，相像除了视觉性之外，还可以是别的，对于一匹马小跑姿态的录像或模仿，从理论上讲也可以看做肖像符号，这与任何模仿符号没有什么不同。如某些儿童玩具的合成香味、仿真皮革的小疙瘩、某些食品的合

27

成味道。

指示符号（index 或 indice），指那些与其所代表的东西维持着一种实际的比邻因果关系的符号。这便是那些自然符号的情况，例如苍白表示疲劳，烟表示有火，云表示下雨，但也包括在沙漠中走路的人留下的脚印，或者是汽车轮胎在公路上留下的痕迹。

最后，**象征符号**，指那些与其指代对象维持着一种规约关系的符号。典型的象征符号，例如国旗代表国家，鸽子代表和平，都属于这种符号，但也包含被视为一系列约定俗成符号的言语活动。

这种分类得到了广泛的研究，也得到了广泛的批评。我们之所以重新采用，是因为其对于我们理解图像、图像的不同类别以及理解其运行方式非常有用。当然，这种分类需要细化，而且皮尔士在明确指出没有纯粹的符号而只有主导特征的时候，就首先这样做了。

一个像现实主义的素描一样一目了然的肖像符号，具有其惯常的再现特征，因此按照皮尔士定义，也就具有象征符号的特征。我们在此不想谈论人们可以赋予一幅素描——甚至是最为现实主义的素描（鸽子代表和平）——的约定俗成的一些意指，但我们想指出，素描本身也遵循某些确定的再现方式，例如投影的再现方式。

指示符号在与其代表的东西相像的时候，本身就可以具有肖像符号的维度：脚印或轮胎印就与脚和轮胎相像。

最后，约定俗成的符号可以具有它们的相像性：在语言中，那些拟声词（例如鸡的"咯咯"叫声）也像其所代表的东西。同样，奥林匹克旗帜上的五环代表的是五个大洲，因此也代表了民族实体。

2.6 作为符号的图像

关于图像，皮尔士的分类法并没有停下来，而是在其分类中实际地将其放进了肖像符号的下属一类之中了。

实际上，由于他认为肖像符号与那种能指和其所代表的东西维持着一种相似关系的符号类别相符，所以，他也就认为我们可以区分多种类型的相似关系，因此也就可以区分多种肖像符号，严格说来，它们便是图像、图表和隐喻。

图像，汇集了那些在能指与指代对象之间维持着一种相似关系的所有相像符号。一幅素描，一幅照片，一幅绘画，它们都重新采用其指代对象的形式特点：形式、颜色、比例，这些可以使我们重新认出它们来。

图表，使用的是内在于对象的一种关系相似，于是，一个公司的组织图表代表了其等级组织情况，发动机的平面图代表了各部分零件的相互作用，而一幅照片则将是它们的图像。

最后，**隐喻**，是依据一种品质的平行性来活动的肖像符号。我们会想到，隐喻是修辞学的一种修辞格。在皮尔士的时代，人们还认为，修辞学仅仅关系对语言的一种特殊处理方式。从那以后，人们发现，修辞学是总括性的，其机制关系到所有类型的言语活动，不论是词语的言语活动，还是非词语的言语活动。正是因此，皮尔士表现出先驱者的本事，他以他所处时代的知识，认为，语言事实（在他看来主要是"象征符号"）也是使用可普及的方式，而其中某些方式就属于肖像符号的范畴。我们想到，在我们上面提供的隐喻的举例之中，明显地构成的"lion"（雄狮）一词，就同时暗含地将雄狮的品质与雨果的品质平行地（相比较地）放在一起了。

虽然我们重提皮尔士有关图像的理论定义，但我们注意到，这一定义并不适合所有的肖像符号类型，这一定义不都是指视觉的，而它更适合理论家们在谈论肖像符号时所争论的那种视觉图像。图像并不是肖像的全部，它完全是一种肖像符号，就像图表和隐喻一样。

尽管图像并不都是视觉性的，那就很清楚，当人们过去想研究图像的言语活动并且在 20 世纪中期出现图像符号学的时候，图像就已经变成了"视觉再现"的同义词。罗兰·

巴特首先提出了这样的问题："意义是如何进入图像的?"①这一问题与"视觉讯息是否运用一种特定的言语活动"这个问题相一致。"如果是这样的,它是靠什么单位组成的? 它在什么地方区别于词语的言语活动? 等等。"这种简约为视觉性的做法,并没有简化问题。而且人们很快就发现,即便是一个固定和单一的图像,由于它能够构成固定的尤其是活动的连续图像(其中,电影符号学就表现出了全部的复杂性)中的一个最小的讯息,所以它也是一种非常复杂的讯息。本书的目的恰恰在于扼要地介绍一下其主要运行原则中的几项。

在我们看来,第一个要阐述的原则,是人们称为"图像"的是非均质的。也就是说,它在一个框架(界限)之内汇集了不同类别的符号:属于该词理论意义的"图像"(肖像符号,相似符号);也有造型符号(signes plastiques):颜色,形式,内部构成,结构;更多的是语言学符号(signes linguistiques),即词语的言语活动的符号。是它们之间的关系和它们之间的相互作用在产生意义,对于这种意义,我们已经或多或少有意识地学习去破译,并且一种更为系统的观察将会帮助我们更好地去理解。

在研究这种观察之前,我们应该重新审视一下,我们上面提到的符号学理论的某些工具,能允许我们从图像一词的诸多而且表面看来是引起混乱的使用方式中得到些什么。

---

① 罗兰·巴特(Roland Barthes, 1915—1980,法国符号学家、文论家。——译注):《图像修辞学》见《交流》杂志,门槛出版社,1964 年。

2. 7　理论是怎样帮助理解"图像"一词的使用的

　　"图像"一词的诸多意指（视觉图像/心理图像/潜在图像）之共同点，似乎首先是相似。一个"图像"，不论它是有实体的还是无实体的，是视觉的还是非视觉的，是自然的还是制作的，它首先是与另外的某种东西相像的一种东西。

　　即便当在不是一种具体的图像而是一种心理图像的时候，唯有相像标准可以确定它：或者它与事物的自然视觉相像（梦幻，奇幻），或者它是依据一种品质平行性来组成的（词语的隐喻，自我图像，商标图像）。

　　这种观察的第一个后果，是相似或者相像的这种共同出发点，一下子就把图像放进了再现事物的范畴。如果它是相像的，那是因为它不是事物本身；因此，它的功能就是利用相像方法来唤起和意味它本身之外的另一事物。如果图像被感知为再现事物，这就意味着图像被感知为符号。

　　第二种后果：它被感知为相似符号。相像是它的运行原则。在我们就相像的过程进行探索之前，我们实际上注意到，图像的问题就是相像的问题，以至于对它所引起的担心恰恰就来源于相像的变体。相像过多，会引起图像与再现事物之间的混淆；相像不足，则会引起扰人的和无益的不可解读性。

　　因此，我们看到，符号学理论，由于它建议将图像视为肖像符号，也就是看成是相似符号，所以它很适合在此使用，并可以使我们能够很好地去理解。

虽然图像完全被感知为符号，被感知为再现事物，但我们还是可以注意到在不同的图像类别中存在着区别：有制作的图像和录制的图像。问题在于进行根本的区分。

2.8 模仿—痕迹—约定

制作的图像都或多或少准确地在模仿一个范例，或者就像在科学方面的合成图像那样，都提出范例。它们最大的能力是尽可能完美地模仿，以至于它们可以成为"潜在的"，并提供出对现实本身的幻觉，而又不是现实本身。这样一来，它们是真实之完美的形似物。它们是完美的肖像符号。

录制的图像通常与其所再现的事物相像。照片，录像，电影，都被认为是非常相像的图像，是纯粹的肖像符号。我们已经看到，由于它们是根据事物本身发出的波进行的录制，所以它们就更为可信。

使这些图像得以区别于制作的图像的，是它们是痕迹。在理论上讲，它们首先是指示符号，然后才是肖像符号。它们的力量就来源于此。我们看到，特别是在科学图像方面，这些图像—痕迹是非常之多的。尽管它们在多数情况下对于非专业人员来说是不可解读的，但它们在其指示特征方面汲取它们的自信力量，而不是在他们的肖像特征方面。想象将其肖像特征让给了指示符号。在这种情况下，模糊性就赋予图像以事物本身的力量，并引起对于其再现特征的忘记。而正是这种忘记（它胜过一种过分的相像）在最好地引起图像与事物之间的混淆，我们后面会看到。

实际上，不应该忘记，如果任何图像都是再现事物，那么，就涉及它必然使用一些建构规则。如果这些再现事物是被制作它们的人之外的人所理解的话，那就是因为它们之间存在着一种最小的社会文化方面约定的东西，换句话说，按照皮尔士的定义，这些再现事物应该将其大部分意指归功于它们的象征符号的特征。符号学理论，正是在允许我们研究图像在相像、痕迹和规约之间的这种循环的情况下，使我们不仅掌握了图像传播的复杂性，而且掌握了图像的传播力量。

所以，我们认为似乎有必要在进行解释性分析之前，先作这种理论的回顾。另外，在确定人们观察的图像类型时，也要慎重。

至于我们，我们将在这部书中致力于固定的视觉讯息的研究，既为了方便，也是将其作为范例。

第二章　图像的分析：赌注与方法

1.　分析的前提

1．1　对于分析的拒绝

提出分析或"解释"图像，似乎常常被人怀疑，并引起多种疑虑：

——对于具有相像性而恰恰显得"自然"可以解读的一种讯息，有什么好说的呢？

——另一种态度怀疑视觉讯息的丰富性，常常一开口就问："作者愿意这么做吗？"

——第三种疑虑涉及被视为"艺术性的"图像，而分析则会使其失去本质，因为艺术并不属于智力，而属于情感。

确实，一种分析不能为其自身而进行，但是却可以为了一个计划而进行。不过，我们还是暂时回到我们上面提到的面对分析所出现的种种疑虑方面来，回到与图像的研究前提有关的内容方面来。

图像，"普遍的言语活动"

有多种原因可以解释对于图像——至少是对于形象化图像——的这种"自然的"解读印象。尤其是能很快地对其进行视觉性感知，以及可以明显地同时认出其内容和其解释。

另一个理由是图像的实际的普遍性，是人类从史前社会直到我们现在一直在生产图像，是我们自认为都可以辨认形象画图像，而不论其历史和文化的背景如何。正是这种确认和相信使人们在一段时间里认为"哑声"电影是一种普遍的言语活动，而且说话人的出现几乎会使他个别化和孤立。

对于整个人类来说，也许存在着一些与所有人的共同经验有联系的心理的和具有普遍代表意义的图表和原型。可是，由此得出结论认为对于图像的解读就是普遍性的，这就属于一种混淆和无知。

这种混淆，在于人们经常将感知与解释混为一谈。实际上，认出这样或那样的图案，并不因此意味着人们就理解了图像的讯息，因为在图像内部，图案可以具有非常特殊的意指，这种意指与其内在的背景相联系，也与它的出现背景、与接受者的期待和知识有联系。在拉斯寇（Lascaux）石窟的石壁上辨认出某些动物，这种事实并不比人们长时间以来在古埃及的象形文字中辨认太阳、猫头鹰和鱼能够向我们提供更多的有关这些动物的准确的和与场所有关的意指。因此，在视觉的讯息中辨认出图案并加以解释，是两种互补的心理过程，尽管我们觉得它们是同时的。

另一方面，即便是辨认图案，也需要从头学起。实际上，即便在我们看来是最为"现实主义的"视觉讯息之中，图像与由它所再现的现实之间也存在着很大区别。大部分图像缺乏深度和具有二维特征，颜色的变质（还是黑白颜色好），尺寸的变化，没有动作，没有气味，没有温度等，这些都是区别，而且图像本身也是无数次位移的结果。只有学习，而且是很早就开始的学习，才能在一方面使用转换规则，而另一方面"忘记"区别的情况下，"辨认"出现实的等同事物。

是这种学习而非对于图像的解读"自然"地在我们的文化中形成，因为在我们的文化中，借助于形象性图像的再现占有很大位置。人们从很小就在学习说话的同时学习解读图像。甚至，图像经常被用来学习语言。就像学习语言那样，有一个年龄界限，超过这个界限，如果人们还没有习惯解读和理解图像，那就不可能再习得了。①

破译视觉讯息表面的"自然性"所包含的意指，正是分析者的工作内容。不可理解的是，有些人当他们害怕被图像"所左右"的时候，这种"自然性"就常常被这些认为其是很明显的人所本能地怀疑。

---

① 参阅吕西安·马勒松（Lucien Malson）著《野蛮的孩子》，UGE 出版社，1959 年。有这种情况，某些人从来没有见过图像，因为这些人生活在落后的地区，在那里，文化传统不使用形象化图像。于是，形象化图像在这些人看来，就只是颜色与形式的安排，这种安排在任何情况下都不指向现实的构成部分。

作者的"意图"

我们说过，第二点疑虑在于对解释的准确性持怀疑态度：与作者的"意图"一致吗？不会出现"走样"吗？这不是只与接收者有关系吗？

这种疑问提出了解释讯息的广泛问题，不论是文学的还是 20 世纪 60 年代"新批评的"①，而且提出了有关作者—作品—读者之间相互影响之本质的几乎无法解决的问题。

一幅图像是某个人的有意识的和无意识的产物，这是一个事实；这幅图像然后构成一幅具体的也是可以感知的作品；对于这幅作品的解读使其生存和延存下去，这幅作品调动读者或观者的意识和潜意识是不可避免的。实际上，只有极少的机会使一幅作品（不论什么作品）的生命的这三个时刻巧合在一起。

但是，如果人们以所理解的不一定与作者意图相一致为借口而坚持不去解释一幅作品的话，那么，也就停止了直接解读或观看任何图像。作者想要说的，没有人完全知道：作者本人也不能掌握他所生产的讯息的全部意指。他也不是他人，他没有经历同一时代，也不是在同一个国家里，没有相同的期待……解释一幅图像，分析这幅图像，当然不是尽力找出一种先前存在的讯息，而是理解这个讯息现在在场合里

---

① 罗兰·巴特：《批评文集》，门槛出版社，1964 年；汉斯·罗贝尔·乔斯（Hans Robert Jauss）：《接受美学》（法文版），伽利玛出版社，1978 年；艾柯（Umberto Eco）最近的著作《解释的极限》（法文版）阐述了这个问题，格拉斯出版社，1992 年。

所引起的意指，同时从中找出属于个人的东西和属于集体的东西。实际上，对于一种分析，当然需要设立栏杆和一些标记点。这些标记点，人们完全可以在我的分析和与我相当的读者可以具有的共同点之中去找到。当然，不能在作者的假想意图之中去找到。

讯息在此：请看，请审视，请理解它在我们身上激起的东西，请与其他的解释相比较；于是，这种对立的剩余核心就可以被看做是讯息在什么时刻、在什么场合的合理的和说得过去的解释。

对于作者"意图"的这种关注，尽管在研究古代作品时是正确的（对于古代作品，词汇的意义已经有了很大的发展），但它是一种专制，这种专制恰恰是从对传统作品的解释中继承下来的，因为这种专制妨碍了几代青少年自己去思考他们读解的作品，他们不可能发现作者的"意图"①。研究一幅作品创作时的历史情况以便更好地理解这幅作品，这是必要的，但是，这与发现作者的"意图"没有任何关系。

在这一点上我们想说的是，为了分析一个讯息，必须果断地从我们所处的地方即接受的地方开始，这样做，显然并不排除研究讯息的历史状况（从其出现到其被接受）的必要性，但是，还应该避免因为或多或少危险的演变标准而不去理解。

---

① 有谁曾经毫无希望地研究过莫里哀或高乃依的"意图"呢？

"不可触动的"艺术

我们想提到的分析的最后一种阻力——尽管还可能存在着其他的阻力——是对于所谓的"艺术"作品的分析，而艺术作品在很大程度上涉及"图像"。在我们看来，似乎有两种理由。

首先，艺术领域更多地被看做是属于表达，而不大属于交流；其次，是因为我们的文明中传播的是"艺术家的形象"①。

我们可以笼统地说，只要一幅艺术作品或一幅图像依然是一种集体的或匿名的产品，这就说明作品是为宗教、习俗，或在更广的意义上讲是为神奇的功能服务的。明确艺术家姓名的必要性，表现为一种艺术观点，也就是说，这样做就像是寻求一种特定的审美成功（"为艺术而艺术"极其追求这种结果），而这种审美成功在连接作者的姓名与其作品的越来越大的欲望中得到肯定。

在古希腊，一些作品向我们提供了艺术家的姓名（如佐西斯［Zeuxix］或亚佩尔［Apelle］），并开创了西方艺术家生平的传统。尽管中世纪这样做的还很少，但艺术家的形象通过其生平介绍而获得了独立的地位。读解从古代到我们时代（中间经过文艺复兴）的这些作品，当然会揭示艺术家形

---

① 后面的看法大部分借自埃恩斯特·克瑞斯（Ernst Kris）和奥托·库尔兹（Atto Kurz）合著的《艺术家的形象，传说、神话和神奇》一书（法文版），河岸出版社，1979年。

象的演变情况，艺术家的形象虽然移动，但并不因此而排挤"对于**神奇艺术家**的创造性越来越大的尊敬"的古老模式。不论艺术家活动的世界多么偏远（从王宫到自由放荡的生活），但艺术家并不与世隔离："他属于天才大家族成员之一。"艺术家通常带有早熟、才华出众、性格古怪和能力神奇的特点。尽管当代的趋势在使有关艺术家创作的生平逸事不再为人所知，但艺术家在其作品之后是消失不了的，而且此后，对于其艺术的理性分析继续被人认为是某种亵渎君主罪，既不合时宜，也是无益的。

另一方面，人们习惯于将艺术领域看做是科学领域的对立面，认为审美经验属于特殊的、不可简约为词语思维的一种思维方式。这种偏见，伴随着分析作品（就像分析艺术构成本身一样）要有"方法"、要有"一系列保留意见和审慎态度，意在指出审美现象不可穷尽的复杂性和具体的丰富性"① 的愿望。最后一点，"从或多或少复杂的理论方面看"，这种偏见在尽力"保存艺术现象某种秘密的东西，或者是保存属于它们的（不可消失的）神秘性的某种东西"。因此，依据认识的"方式"，不论是社会学的还是符号学的，对于艺术作品因此也是对于图像的研究根据，就理所当然地会是被怀疑的。

1.2 图像分析的功能

可是，对于图像的分析，包括对于艺术形象的分析，除

---

① 于贝尔·达密斯（Hubert Damisch）：《艺术社会学》，见《百科全书》。

了使分析者快乐、增加知识、传于他人、更为有效地解读和构想视觉讯息之外，还可以完成多种不同的功能。

不论对象如何，分析者的兴趣（goût），无疑与一种性情相一致。实际上，我们可以质疑分析者的"想象之物"①。一种为了更好地理解的愿望，它要求进行人为的破坏（"砸碎玩具"），以便看到内里的各种东西（"看一下它怎么运转"），同时希望——也许是幻觉式地希望——更好地进行解释性重组。无疑，这样做可以服务于掌握对象及其意指的一种特殊愿望。这种方式从根本上就区别于电影爱好者的方式，因为后者的性情更属于积攒和搜集其所喜爱的物品的收藏家。至于分析者，他更喜欢拆卸物品，如果他使物品增多了（他最终会像一位收藏家），那是因为重组的物品从来都不会与原先的物品一样。于是，他便是在一个全新的对象上重新开始其试验，依此类推。因此，我们可以理解，分析对于某些人来讲是难以忍受的，因为这些人在这种分析中看到的是对于他们经验的完整性和真实性的威胁。

不过，认为分析会抹杀审美快乐、终止对作品接受的"自觉性"也是错误的。应该想到，分析总是一种研究工作，它要求时间，并且不能自觉地进行。相反，他的实践首先增加了作品的审美和传播乐趣，因为这种分析磨砺了观察的意识和目光，增加了知识，并因此在对于作品的自觉接受中掌握了更多的信息（在该词更宽泛的意义上讲）。

---

① 就像克里斯蒂安·梅斯在《想象的能指》一书中对待"研究者的想象之物"那样，UGE出版社，1977年。

最后，说无知是快乐的保证，这还需要证实；说无知是理解的助手，当然不会是这样。然而，理解也是一种快乐。

所以，分析的主要功能之一就是教学功能（fonction pédagogique）。虽然这种功能可以在一种教学范围内，如一所学校或一所大学①里进行，但以教学为目的的分析并不是专门为学校而保留的。它可以以继续教育为名在一个工作场所进行，也可以在同样使用图像的多媒体之中进行②。实际上，这样做可能是一种很好的方式，它使观众不会产生令人感到非常可怕的操作印象。

这种功能在于显示：图像确实就是一种言语活动，是一种特定的和非一致的言语活动；在这个名义下，图像有别于真实世界，而且它依据特殊的符号提供这一世界有选择的、必然也是带方向性的再现方式；区别这种言语活动的主要工具是区别它们的出现所意味的或它们的不出现所意味的；在理解其基础的同时使对图像的解释相对化；图像的教学分析可以提供智力自由的多种保证。

最后，图像分析的功能之一，可以是寻找（recherche）或验证（vérification）一个视觉讯息的良好运行或不良运行的原因。图像分析的这种用途，主要见于广告领域和商业营销领域。它通常不仅求助于实际操作人员，也求助于理论研

---

① 20 世纪 70 年代以后，有许多教学方面的"试验"导致对于图像的制度化教学，而尤其是对于电影的教学。

② 例如英国 BBC 广播电视台就为广大观众播放了视觉传播的教学资料。法国电视五台（ARTE）为这个主题专门举办了一个晚间专题节目，但是这一切都还是极为个别的。

究人员尤其是符号学家。实际上，广告传播的符号学探索，对于理解广告和提高广告的技巧被认为是很有作用的。在这个领域里，面对理论，没有太多的迟疑，至于分析的费用，也不存在漫天要价，相反，却让人充满了符号学分析将是有效性和效益的可靠保证的希望。"图像符号学"出现之后，许多重要的理论家①都出没于各种广告公司。今天，尽管符号学研究者更多地出现在大学里，但是，许多传播咨询公司或广告公司及商业营销公司②都毫不犹豫地把他们当做专家，就有些实际问题向他们请教③。有些人指责这种研究只为商业效益出谋划策。这就是忽视了一种好的分析，首先要由它的目的来确定（既然如此，分析就是为了更好地传播和更多地销售）。这样说丝毫不妨碍某些结果对于更为根本的理论探索是有用的。

实际上，在理论著述中，我们会看到不少电影分析、视觉广告分析、电视节目分析，这些分析都为各种理论的提出提供了范例，例如意指单位的寻找，句法规则、陈述方式、观众的处理等的确定。我们后面会看到，广告是这种研究起步阶段的很有用的领域。

---

① 例如雅克·杜朗（Jacques Durand）或乔治·佩尼努，他们都属于法国"比布里西斯"（Publicis）广告集团公司。

② 1992年7月在布鲁瓦举办的"第二届国际符号学日"（符号学与营销学）就为国际广告业提供了许多研究成果。

③ 让—玛丽·弗洛赫（Jean-Marie Floch）：《符号学，营销学和传播学——依据符号和战略的考虑》，PUF出版社，1990年。

1.3 分析的目的与方法

我们说过，一种好的分析，首先由其目的来确定。实际上，确定一种分析的目的，对于采用什么工具是必不可少的，而工具又在很大程度上决定了分析的对象和其结果。实际上，分析的必要性并不比其用途更为重要。分析应该服务于一种计划，正是这种计划将为分析提供方向，就好像是计划为其指定方法那样。对于分析来讲，没有绝对的方法，但是却可以根据目的有可作出的选择，或可发明的选择。

寻找一种方法：罗兰·巴特

于是，在罗兰·巴特确定分析的目的①并探索图像是否包含着符号，都包含着哪些符号的时候，他为自己发明了方法。

这种方法在于假设。这些需要找到的符号都具有与索绪尔指出的语言学符号的结构相同的一种结构：一个能指只与一个所指相连接。接着，罗兰·巴特认为，如果他从对他所研究的广告讯息的理解出发，他就获得了一些所指；这样一来，在寻找引起这些所指的一个或数个成分的时候，他就将一些能指与这些所指联系起来，这样就会找到充实的符号。于是，他发现，在一幅介绍"番扎尼牌面条"（Panzani）的广告中明显突出的意大利性（italianité）这个概念，是由不同类型的能指产生的：一个语言学能指，即专有名词的"意

---

① 参阅上面引述的罗兰·巴特《图像修辞学》一文。

大利语"发音；一个造型性能指，即颜色，那绿色、白色和红色提示的是意大利国旗的颜色；最后是代表着由社会文化决定了的对象的肖像性能指，即番茄、青椒、葱头、面条包、调汁桶、奶酪，等等。我们现在从这种研究中能够得到的所有理论结论，当时还没有全部考虑到，因为那时的研究刚刚开始。但是，这样建立的方法，即从所指开始去寻找能指进而找出构成图像符号的方法，完全是可以操作的。这种方法可以表明，图像是由多种符号构成的：语言学的，肖像性的，造型性的，它们共同建构一种总体的和并非明显的意指，这种意指在这一特定的情况下包含着语言的歌声、民族的观念和地中海烹饪的观念。

发现暗含的讯息

如果计划就是更准确地找出由一幅广告所承载的暗含讯息，或者找出不管什么样的视觉讯息，那么，所使用的方法就可以是绝对地相反的。我们可以系统地在所涉及的视觉讯息中记录各种同时存在的能指类型，并使其与它们通过约定或习惯而呼唤的所指相一致。对于这些不同所指的综合表述，可以被视为是对于由广告所承载的暗含讯息的可接受解释。我们将在下一章里提供这种方法的一种范例。但是显然，这样提出的解释，由于讯息发送的场合与接受的情况，它应该是相对的，并且如果这种解释是集体进行的，那么它就更好些。正像我们在上面说过的那样，一种集体分析所带来的共同点，可以构成对于解释的更为合理的和更可验证的"界限"，这比作者的所谓"意图"界限要强得多。

对于构成讯息的各种组成成分的本质的寻找，可以通过在语言学上得到证实的典型的替换方式来进行。两种基本的原则，便是对立（opposition）原则和切分（segmentation）原则。

在这个意义上，对于词语性言语活动的研究就更为简单些了，因为这是一种不连续的言语活动，它由一些散在的单位组成，我们可以从其他单位中区分出这些单位，因为这些单位明显地有别于其他单位（或明显地相互对立）。为了隔离这些单位，只须将其进行替换就可以了，而且小孩子学习说话也正是通过这种方式。

一个例子将告诉我们人们是如何区分言语活动的第一分节①的单位即音位（phonèmes）的：对于一个单词的发音（mèr）的第一个音位（m）进行替换，我们可以得到（pèr）、（gèr）、（vèr）、（fèr）、（sèr）、（tèr）或者（jèr）。对于这些词语或第二层（monèmes：词素）分节单位所借用的不同形式的研究，又构成另一种学习的对象。我们将会得到"mère（母亲）或 maire（市长）或 mer（大海）"，"père（父亲）或 pair（同样的事）或 paire（一双）"，"guerre"（战争），"verre（玻

---

① 根据现代语言学理论，言语活动具有双层分节特征，第一层是音位层，第二层是词素层；前者由最小的有区分作用的音位组成，后者由具有意义的最小的语意单位——义素组成。——译注

璃杯）或 vert（绿色）或 vers（虫子）"，"fer（铁）或
faire（做）"，"serre（温室）或 sert（服务）"，"terre"
（土地），"gère"（管理），等等。在书写上，借助于拼
写（我们在此感觉到了拼写的困难），这些词在意义上
的区分是马上就可以感觉到的。在听觉上，是语境在告
诉我们如何解释这些相同的声音。

对于意指单位的学习也是通过这种替换方式。不同
单位之间的对立，在听觉上（说出的语链似乎是连续
的）是感觉不到的，是习惯在教人们去标记：我学会我
在某个名词前面可以说 "le"（定冠词）或 "ce"（这
个）或 "mon"（我的）或 "un"（某个）。我可以用一
个词来代替另一个词，用一个动词来代替另一个动词，
等等。我们了解孩子们有时因为发音的连接问题所造成
的、由切分不对而引起的学习方面的失败情况："un as-
censeur"，"le nascenseur"①。

视觉性言语活动就不同了，而且它的切分更为复杂。这
一情况源自这不是一种分散的言语活动或不连续的言语活动
（就像语言那样），而是一种连续的言语活动。我们在此不去

---

① "un" 是不定冠词，它与后面元音开头的单词 "ascenseur" 在一起读
时，词尾的 "n" 要发音并与后面单词开头的元音 "a" 进行 "联诵"，于是出
现 "na" 的发音。小孩子不懂这是一种读音规则，而依据联诵之后的读音就把
单词记成了 nascenseur。——译注

研究有关视觉性言语活动切分的基础理论和相宜性的理论争论的历史。① 但是，从方法论的观点出发，我们将继续把替换原则当做区分图像各种成分的手段。这样做要求有一点想象能力，但却被认为是非常有效的。

实际上，替换原则在使一个为另一个所代替的时候，可以使我们标记一种单位、一种相对独立的成分。因此，这就要求我在心理上能够有其他的，但在讯息中未出现的相似成分由我来安排：可替代成分。这样，我看见了红色，而没看见绿色、蓝色、黄色等。我看见了一个圆环，而没有看见三角形、正方形、矩形等。我看见了曲线，而没有看见直线等。这种心理联想可以使我们标记组成图像的所有成分（在此是造型性符号：颜色，形式），它延伸到各种类别的成分的区分方面：我看见一个男人，而不是女人、孩子、一只动物、其他什么人等；他的服装是农村的服装，而不是城里人的服装、晚会上的服装等（肖像符号：可辨认的图案）；有文字书写的文本，而不是什么都没有；是黑色的，而不是红色的，等等（语言学符号：文本）。

这类心理联想可以帮助区分各种成分，对于所是的东西，对于人们相对主动地做的东西，而尤其是对于所不是的东西，它可以让我们解释颜色、形式、图案。实际上，这种方法在对于现存成分的简单分析中又加进去了对于这些成分的选择，这就极大地丰富了这种简单的分析。

---

① 在这一点上，可以参阅马蒂娜·乔丽所著《图像与符号》一书第三章，同上。

出现与不出现

我们说过，这种类型的解释要求有一点想象力。这恰恰是现在的情况，因为为了更好地理解讯息所具体地教给我的东西，我就应该尽力想象我可能会从其他方面看到的东西。实际上，选择的可能性总是多种多样的，以至于需要作出的努力并不是相应地足够。相反，这样做总是对人很有启发的。例如，在广告、新闻、政治或其他方面，简单地记录一个男人（而不是女人）给我提出了某种论据，这必然是有意指的，应该得到解释。当然，解释应该依据一定数量的可验证的或已被接受的情况，以避免总体上变成奇思妙想。

于是，一个成分的出现与不出现，就属于分析应该尽可能考虑的选择了。为此，这种分析将只在视觉性言语活动中使用词语言语活动的一种基本的、似乎对于所有的言语活动都是共同的运行规则。这是一种符号学规则，是言语活动的双轴规则。

实际上，不论表现形式如何，任何讯息都首先依据一个被称为系统的水平轴而形成，因为这个轴显示了同时存在的"整体"（ensemble）（在希腊语中，sun = ensemble，taxis = ordre［秩序］，disposition［规定］）讯息的各种成分，因为这些成分在时间里（在口语言语活动或动画图像的情况里）和空间里（在书写言语活动和固定图像的情况里）是相互连续的。

我们现在有一个讯息：a, b, c, 等

而不是：　　　　　　　a′, b′, c′, 等

也不是：　　　　　　　a″, b″, c″, 等

就像我们上面解释的那样，每一个出现的成分都是在一类其他未出现的，但却是可以以这样或那样的方式与其相连接的成分中选择的。这就是垂直的轴，或者叫做聚合轴（希腊语 paradeigm = exemple［范例］）。这个垂直轴，索绪尔也称之为联想轴，因为选择实际上是根据可以是各种性质的心理联想来进行的。

为了更好地理解，我们重新回想一下索绪尔自己提出的范例①：如果我使用"enseignement"这个词，我就可以从其同义词中进行选择，如"instruction（教导），éducation（教育），apprentissage（学习）"；但也可以从以"-ment"结尾的名词中选择，如"armement（武装），或 enrichissement（富足），或 louvoiement（逆风行驶），或 firmament（苍穹）"等；在其发音方面，我还可以在所有的以"-ment"结尾的词中选择，它们可以是名词，也可以是副词或形容词，如"vraiment（真正地），absolument（绝对地），charmant（美丽的），clément（宽大的），justement（正确地），bâtiment（房屋）"等。因此，我们看到，联想关系可以是意义的联

① 见《普通语言学教程》。

想，也可以是语法的联想，还可以是谐音的或韵脚的联想。

就像我们上面指出的那样，在视觉讯息中也是一样的，因为在视觉讯息中，通过替换而感受和标记到的各种成分，其意指不仅将借助于它们自己的出现来找到，而且借助于其他某些与其在心理上有联系的不出现成分来找到。这种方法，根据我们在有关视觉讯息中确定寻找的目的，可以是一种非常有效的分析工具。

因此，我们看到，在进入分析活动之前，确定分析的目的既可以验证分析的必要性，也可以确定其方法，我们还看到，这种方法已经得到证实，而且它要求发明其自己的工具。

2. 图像，作为对于他人的讯息

虽然对目的的确定，例如对图像分析的工具确定，是对图像进行分析的前提，但是这些目的却不是唯一的。还有两种考虑应该先于对视觉讯息本身的分析：这便是对视觉讯息的功能的研究和对其出现背景的研究。

2. 1 图像的功能

我们上面说过，把图像视做由不同类型的符号构成的视觉讯息，就等于重新回到了把它视做一种言语活动，因此也是一种表达和传播工具上来了。不论是表达性的还是传播性

52

的，我们可以认为，一幅图像实际上总是构成一种对于他人的讯息，即便当这个他人是其自身的时候，也是这样。所以，为了更好地理解视觉讯息，需要有所准备的是，它是为谁而产生的。

可是，鉴定视觉讯息的接收人（destinataire），并不足以理解这一讯息被认为是服务了什么。实际上，视觉讯息的功能本身对于理解其内容也是决定性的。

因此，为了区别视觉讯息的接收者和功能，我们必须具有参照的标准。在这种意义上，有两种方法供我们选择，并且可以显示出是可操作的。

——第一种方法在于将各种图像放进传播的图示之中；

——第二种方法在于将视觉讯息的使用方式与人类用来建立人与世界之间关系的主要生产方式加以比较。

2. 2 图像与传播

在这个阶段，提一下将为我们当做参照的方法即俄罗斯语言学家罗曼·雅格布逊说过的方法，也许不是无益的："言语活动应该在其所有的功能方面得到研究。"[①] 为此，雅格布逊提出了"有关任何言语活动过程、任何词语传播过程的组成成分的一种总体情况"，他还制定了有关词语传播"不变因素"的著名的六极图示，这种图示后来被当做任何

---

① 罗曼·雅格布逊（Roman Jakobson, 1896—1982，俄裔美国语言学家——译注）：《普通语言学论集》，门槛出版社，"Points"（"观点"）丛书，1963 年。

传播行为的构成成分的基本图示，这其中当然包括视觉传播：

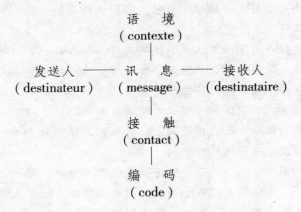

语　境
(contexte)

发送人 ——— 讯　息 ——— 接收人
(destinateur)　(message)　(destinataire)

接　触
(contact)

编　码
(code)

任何讯息都首先要求其所指的一种语境，也被称为参照（référent）；然后，它要求一种至少在发送者与接收者之间是部分地共同的编码；它还需要一种接触，即在两位主角之间可以建立和维持传播的物质渠道。

这个图示非常有名，虽然它引起了无数分析、解释和修订，但它对于理解词语或非词语传播的基础原则，仍然是完全可以操作的。

雅格布逊后来又告诉我们，根据讯息着眼于或集中于这一个或那一个因素，其中还包括它自己，这六个因素中的每一个都可以产生不同的语言学功能。这样，我们就可以采用一个传播的言语活动的图示来显示言语活动的各种功能：

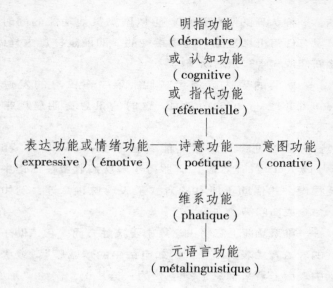

明指功能
(dénotative)

或 认知功能
(cognitive)

或 指代功能
(référentielle)

表达功能或情绪功能——诗意功能——意图功能
(expressive) (émotive)　(poétique)　(conative)

维系功能
(phatique)

元语言功能
(métalinguistique)

当然，没有哪一种讯息可以垄断这些功能中的一种或只垄断其中一种。会有一种功能是主导性的，这种主导性的功能将决定讯息的能力，但它并不因此排除同样需要认真观察的其他功能的辅助性参与。

我们在此很快地提一下这些功能的特征①：

——明指功能，或认知功能，或指代功能，它集中讯息的内容于讯息所谈论的东西上；该功能在许多讯息中是主导

---

① 为了更详细了解，可参阅雅格布逊本人的文章，见上面《普通语言学论集》第 214 页及以后各页，以及卡特琳娜·凯尔布拉—奥莱肖尼 （Catherine Kerbrat-Orecchioni） 在其《陈述活动——论言语活动中的主观性》一书中对于雅格布逊的评述，阿尔芝·柯兰出版社，1980 年。

性的，一种认真的听或读解就可以察觉其他功能的同时表现。没有任何讯息是绝对地明指性的，即便是打算这样做，就像新闻或科学言语活动那样。①

——所谓的表达或情绪功能，集中在讯息的发送者（destinateur 或 émetteur）方面，这时的讯息更明显地带有"主观性"。

——言语活动的意图功能（拉丁文：canatio = effort［努力］，tentative［意图］），服务于表现接收者在话语中的牵连程度，并借助于所有的方式来表现这种牵连，例如呼叫、命令或质问等。

——维系功能，它将讯息集中于接触方面。它借助于习惯性的表达方式表现出来，例如电话中的"哈啰"，或者是对话中表面上看来信息"空空"的只言片语，例如"那么，不错吧"，"那好吧"等，这些都主要服务于维持伙伴之间的实际接触。

——元语言功能，其目的在于审核所使用的编码，而诗意功能则致力于讯息本身，同时操作其可触知和可感知的方面，例如在语言方面就是音色（sonorité）或节奏（rythme）。

我们一眼就看出，这些在词语言语活动中辨认出的功能，并不是唯词语的言语活动所专有，我们在其他的言语活动中也可以找到。因此，我们可以根据其传播功能对于各种

① 参阅上述卡特琳娜·凯尔布拉—奥莱肖尼的著作。

图像做一下分类。① 在一步一步地审视和批评的情况下，这种分类可以作为所提问题的范例，以便确定一视觉讯息的分析框架。

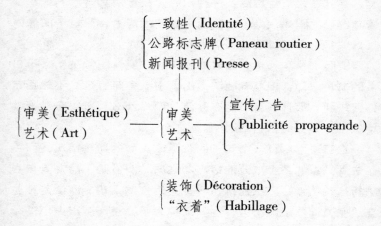

    这个图示只是个示范图示，它指出这种分类在何种程度上必然是不全面的，尤其是脆弱的：某些图像难于去这样分类。新闻摄影是这种情况：新闻摄影首先被认为具有一种指代功能或认知功能，但是它们实际上处于指代功能和表达或情绪功能之间。一种通讯当然表现一定的现实，但也显示出摄影师的个性、选择、敏感性。

    同样，时装照片，作为牵连性图像，它是意图性的，它本身也在由摄影师"风格"所表现出的表达性、由图像各个

---

    ① 这就是乔治·佩尼努在"广告图像的物理学与玄学"一文中对于广告图像所做的研究工作，见《交流》杂志，N°15，门槛出版社，1970 年。

方面的工作（灯光，姿态等）所表现出的诗意性和意图性（也就是说作为未来可能的购买者的观众）之间游动。

另一方面，至少有一种功能，图像不会有，或者难以有，那就是元语言功能。这种功能，在于用其自己的编码谈论其自己的编码，由于它缺少可论述的能力，而对于图像来说，似乎是不可接近的。

实际上，尽管由于赶时髦和操作方便，图像被比之于口头的言语活动，但准确地讲，由于它既不能肯定又不能否定任何东西，而且甚至不能在其自身做点什么，所以它是根本地区别于口头的言语活动的。

语言可以解释一个句子的正面或负面的建构情况，而不论进入关系的各个成分的标志和性质。图像则不能在其自身进行这种工作：它不能维持一种元语言的话语。即便是那些在这个方面作出的努力，例如那种为了颜色而突出颜色的单色绘画，还有那些炫耀绘画工具（画笔，油彩管）的粘贴画，也还是含混不清的。实际上，这些试验即便带有指导性的词语说明，它们还是既不能约束观者的解释，也不能约束对其想象，而一种语法规则的陈述则严格地限定了其说话。

另外一点，在人们寻求确定图像的言语活动或传播功能的时候，需要注意从暗含的功能之中区分出明显的功能，而这是很不同的。对于被分析的视觉性讯息的使用及其社会文化角色的观察，表明在这方面是很珍贵的。正因如此，社会学家皮埃尔·布尔迪约指出，作为似乎首先是指代功能的家庭照片（什么样的年龄，家庭住房状况等），其主要的作用却是加强家庭的凝聚力，因而其主导功能是维系功能，而不是指代功能。

作为举例，对于言语活动功能的这种重述，想要强调这样的情况，即视觉讯息的传播功能，不论是明显的或是暗含的，都在很大程度上决定了其意指。因此，在图像分析中，对于它的考虑是必须的。

2.3 作为代言人的图像

作为人与人之间交流工具的图像，还可以作为人与世界之间的代言人。在这种情况下，图像就不大被从其传播方面来考虑，而是更被看做"作为旨在建立与世界之间关系的人类产品"① 来考虑。

作为与冥世、神和死亡的中间过程，就像我们上面说过的那样，图像可以具有象征功能，也具有副本（double）功能。例如拜占庭圣像，就通过其美女而被圣像崇拜者看做与上帝代人说情的工具，但是，它也被破坏圣像的人看做亵渎神灵的副本。拉丁文中的"imago"也是指幽灵。这种神秘的价值，在图像的痕迹特征（或指示特征）占优势的时候，就可以扩展而达到一种同等物价值的程度。

在图像中通常起主导作用的信息（或指代）功能，也可以扩展为认知（épistémique）功能②，该功能赋予它作为认识工具的维度。说它是认识工具，因为它以多种形式比如插图、照片、图纸或者标牌，提供有关事物、地点或人的

---

① 这就是雅克·欧蒙在《图像》一书中登记图像的功能时所提到的那样。

② 这就是雅克·欧蒙在《图像》一书中登记图像的功能时所提到的那样。

情况。

但是，正像艺术理论家埃奈斯特·贡布里赫所指出的那样①，图像可以是一种认识工具，因为图像服务于观察世界本身，并服务于解释世界。在贡布里赫看来，一幅图像（一幅地图，一个图表）并不是现实的复制，"而是一个长时间过程的结果，在这个过程中，轮番地使用过概括性再现和修正手段"。任何曾经制作过一幅图像的人都清楚这一点，甚至在拍摄最为普通的照片时也是这样。制作一幅图像，首先要观看、选择、了解。并不是"根据一种视觉经验来再现，而是根据一种模式结构来重新建构"②，这种重新建构将借用最恰当的再现形式来满足人们为自己确定的目的（地图、简图或"现实主义的"、"印象派"的绘画）。

因此，我们看到，这种认识功能便直接地与对图像的审美功能连在一起了，同时"使其观看者产生特定的（审美）感觉"③。我们上面指出的在视觉性再现与艺术领域之间的密切联系，在各种表达工具和传播工具之中赋予了认识功能一种重要性和特殊的价值。不论什么图像，其造型工具由于都是"造型艺术"的工具，所以都使图像变成了一种传播手段，这种手段要求审美享受和与之相关的接受形式。这意味着，借助于图像（更可以说是借助于言语活动）进行交流，

---

① 埃奈斯特·贡布里赫：《艺术与幻觉——绘画再现心理学》（法文译本），伽利玛出版社，1971年。

② 埃奈斯特·贡布里赫：《艺术与幻觉——绘画再现心理学》（法文译本），伽利玛出版社，1971年。

③ 参阅上引雅克·欧蒙著述。

必然会在观众方面激起一种特定的期待（attente），这种期待不同于词语讯息所引起的期待。

2.4 期待与背景

在对于一个讯息的接受过程中，期待概念绝对是关键性的。当然，它是内在地与背景（contexte）概念连在一起的。这两个概念规定了对讯息的解释并补充了对读解命令（consigne de lecture）的解释。

实际上，文本分析，即对于一部作品的内在分析，在20世纪60年代的结构主义潮流中，已经教会我们审视一个讯息的各种意指单位，并教会我们对其进行综合。这种在当时是全新的分析形式，曾经激励过进行批评的读者在解析时首先考虑作品或文本（texte），而这则遭到了传统批评的反对，因为传统的批评在于面面俱到，而唯独不谈作品本身。

尽管文本批评十分严格和富有再生性，但它在彻底性方面①还是不完整的，因此它需要完整。使用符号学分析则为此提供了一种解决方式，即审视作品生产和接受的机制背景，以便从中找出与其相关联的读解命令。②

---

① 参阅雅克·欧蒙著述中"文本分析，一种有争议的模式"和米歇尔·玛利（Michel Marie）所著《影片分析》一书，纳当出版社，1988年。

② 参阅罗杰·欧丹（Roger Odin）所著《电影实用符号学》，社会经济跨学科研究院（IRIS）出版，1983年；马蒂娜·乔丽的文章《一部电影（弗雷德里克·罗西福导演的《死在马德里》）的内在和固有的读解命令》，见于CERTEIC简报，N°9，"视听教学传播"专号，里尔第三大学出版社，1988年；文章《雷蒙·德帕尔东或借助于不出现而形成的一致性》，见于《独角兽》杂志（La Licorne），N°17，普瓦捷大学出版社，1990年。

期待概念被认为具有很大的丰富性和能产性（productivité）。它与一作品的期待境遇（horizon d'attente）相联系，是汉斯·罗贝尔·乔斯于20世纪70年代在谈到文学作品的接受研究时提出的（即人们所说的"康斯坦次学派"）[1]。

主要的观念是，对于一个文本的解释，不仅要假定存在着文本的内外规则的相互影响（就像其生产与接受一样），而且也要假定存在着"审美接受赖以出现的外部经验背景"。这就意味着，即便在作品出现的时刻，它也从来不表现为"在信息荒漠中突然出现的一种绝对的新事物；而借助于明显的或潜在的预示和信号，借助于不明显的参照和已经习以为常的特征，公众事先就具有了某种接受方式"。

随着读解，这些"规则"将得到改正、变动或者只是简单地复制使用。所以，极为重要的是理解，首先建立个人对于一个文本的理解和奠定其所产生的效果的，是"提前就存在的一种互为主观的审美经验的境遇"。

因此，我们可以客观地表述与视觉性再现的历史的某一时刻和某一领域相对应的那些参照系统，表述这些

---

① 汉斯·罗贝尔·乔斯所著《接受美学》（法文译本），伽利玛出版社，1978年。

系统为读者提到了什么样的"期待境遇"，而这种境遇又是"由与体裁、形式或风格有关的约定所决定的"，为的是借助于新的创作、批评、滑稽模仿等"然后再逐渐地与期待脱离"。这样，20世纪50年代的"视觉要求"的期待境遇，就完全有别于当代的简练或滑稽模仿式的广告的期待境遇，而在我们看来，这种期待境遇就显得过分说教式和天真了，但是它却适合于那个时代的观众的期待。与期待的脱离，是广告上寻找的一种过程，而且是其主要的动力之一，因为广告必须使人吃惊，不过，这也是所有艺术活动的过程，因为艺术过程追求更新，并以此或多或少更好地被公众所接受。

于是，我们看到，这种期待概念是与在作品生命中的各个时刻都存在的背景相联系的：它的生产时刻，其生产之前的时刻和之后的接受时刻。这些时刻，由于它们都是相关联的，所以要求在解释的时候都要得到考虑。

与背景的关系，在使观众惊讶、感到触动或感到愉快的同时，可以是欺骗其期待的一种方式。把一个自行车轮子放在博物馆中并与"艺术作品"放在一起①，采用与推销一种新的洗涤粉同样的手段来推广一位政治人物的"形象"，把"贵族"人物放在"市民"处境之中②，非背景化

① 马塞·迪尚（Marcel Duchamps）。
② 传统的"诙谐文学"的原则。

63

（décontextualisation）方式非常之多，这些方式被我们所熟悉，它们从一个领域到另一个领域转移意义，同时要弄我们的知识和期待。有些转移是很有害的，这就需要我们逐一进行破释。

2.5 一幅绘画的成分分析

对于一幅绘画的某些组成成分进行分析，可以使我们一方面观察到替换位置是怎样区别不同的成分，另一方面观察到这样做对于各种成分及对其期待的认识论价值。

例如，我们选毕加索 1909 年画的《奥尔塔·德·埃布罗的工厂》一画。我们之所以选这幅画，是因为它是 20 世纪之初的立体派时代很有代表性的作品，那个时代是一个在有关视觉再现思考方面非常丰富的时代。当时，正处在从传统的艺术作品具有自主性的观念到创作的观念性特征，从野兽派到超现实派，从形象绘画到抽象绘画的过渡时期。这个连接时代通过借助于彻底进行自 19 世纪末以新印象派和诸如纳比斯派艺术家（维亚尔，瓦洛通）开始的全新绘画再现探索，将打乱公众的期待，也将打乱当时艺术家们的期待。

实际上，这个时代将避开印象派或后印象派的说教，摈弃从文艺复兴时期继承下来的透视再现和单一视角，摈弃视觉再现服从于空间再现和即时性，而要求操作工具的自由，以便使这些工具变得可以看见。形象性虽然依然存在，但重新组合，世界可感的丰富性在一种可见和可知的简洁性中得到了提炼。我们可以把这种做法比之于音乐指挥的做法，他在某一时刻放弃了乐队而集中于四重奏或单一乐器的音响的

毕加索画（原书第 54 页和封面）
（**C**）吉罗东（**Giraudon**）摄影，（**C**）**SPADEM 1993**

丰富性。对于音响的这种听和利用其特点多次使用，最终会重新影响到对于整体的听或者说及对于全部的声音的听。

同样，毕加索的这幅画，借助于替换位置、取消一些内容、选定某些内容，而指出了作品的造型成分，并把这些成分奉献给我们的期待和我们的情绪。这幅画在变动我们的视角的同时，充当了我们与艺术、当然也以此充当了我们与世界的代言人。

这里指出的四种成分，我们更愿意称之为造型轴（axe），它们是形式（forme。）、颜色（couleur）、构成（或像克雷［Klee］所说的"组成"）和画面品质（texture）。

借助于基本的几何形状（球体、圆柱体、锥体、立方体、平行六面体）来解释这种类型的形式，不只是适合于对这种类型的复杂形式做简化工作，而且也适合于对形式的表达能力增强信心。

在这幅画中采用的形式，一方面是立方体和平行六面体，另一方面是圆柱体。前一种形式最多，形体封闭，顶端尖突，占有三分之二的画面，给人以监禁和窒息的感觉。后一种形式稍微平和，看上去在远处，有距离感，就像在期待之外。

构成，这是作品富有动力的成分，它是由这些形式堆砌而成的，这些形式充满了整个画框，总体构想呈金字塔形状，基础坚实，无视觉余地，就像无空气一样。有一种透视感来自作品，但我们很快就发觉，我们是在与一种假透视（fausse perspective）打交道，这种假透视为我们提供了一种左向的同时也是多元的视觉。实际上，线条似乎在向着一个黑色长方形的，但实际上是非常轻微地分散的逃逸点变化，就像靠近传统的透视绘画留给我们期待的地方那样。最后，目光与背景相触，这种背景不是伸展，而是形成一种帷幕，挡住了深度。根据我们的期待，某些形式本应缩小，但在这里却扩大了。昏暗部分与明亮部分之间的配比是矛盾的，并赋予绘画一种破裂的节奏。

颜色，色调均匀，无热色的变化：赭石、红棕色、灰绿色，它们对于画面构成了令人焦躁不安的感染价值。

最后，画面品质，均匀的画面材料显示出画布的粗糙性，作为第三维度的突起性，这种材料除了要人们观看之外，还诱人去触摸。

至此，我们已经主动地排除了肖像性符号即形象性图案的观察，我们这样做有两点理由。第一是为了指出，在主要造型轴之中作出的选择就是将这些造型轴指定为区别性成分，这些成分促使了作品的整体构成。第二是指出，在遵照我们的习惯和期待的同时，对于这些造型成分的简单考虑，已经使我们找出一系列的意指，这些意指与作品的肖像成分和语言学成分一起配合，无疑将得到加强，并且它们已经出现在我们面前：热度、窒息、堆积、压抑、没有空气、没有透视。

当我们意识到，这些形式、这些颜色、这种构成、这种画面品质的处理是为了让人们从中再识别出世界的对象（抽象绘画放弃这种做法）的时候，我们就会更好地感觉到造型与图像之间的循环性是怎样进行的了。我们会更好地理解，人们所谓的"相像"是与对真实情况的富有文化编码的转换规则的观察相一致的，而且也与对于这种真实的"复制"是一致的。

因此，我们在这幅绘画中"认出"的，是厂房、高高的烟筒、棕榈树、寸草不生的土地、阴沉的天空。窒息和压抑感会得到强化，因为认出那些密集的厂房会使人立即注意到没有开阔的空间和没有人迹。换句话说，辨认可以引起新的期待，而在这里却被剥夺了，正是这种期待将加强最初的感觉。同样，正是由于辨认而在土地、天空和厂房之间发现的区别可以使人去注意各种成分之间的颜色的感染力和热度感染力。在这个"无透视"的世界中——我们从现在起将其理解为"无未来"的世界（没有视野，灰暗，阴雨，形式不规则），暗面与光面之间的交替现在被解释为一种特殊的明暗情况。明暗是矛盾的：似乎在绘画内部有多种光源。如何解释呢？这种与传统的"现实主义"再现方式的断裂，使当时的艺术家们避开了透视性视觉再现的专制和对于时间再现的后果。实际上，自从人们看重透视再现而模仿"自然"视觉的时候开始，这种"自然"视觉就优先地服从于对即时性的再现。这就只涉及静止的视觉，这种视觉被设想为从某地X到某一时刻Y。因此，便非常困难地在这种形式的再现中引入时间性。也就是说，很难再推荐一种时间的连续性（此前，之中，此后）：人们必须是在这里和在现在。这种情况并不排除对一段时间进行可能的再现，可这不是一码事：在这种再现之中，我们可以获得快速的感觉或相反获得缓慢的感觉，但不会获得时间的连续性感觉。因此，在本幅绘画中感觉到有多种光源、多个太阳：向左和向右的阴影、向左和向右的光面，这种事实可以使人感觉到我们身处整个一天的变化之中，太阳在转，阴影也在变动。我们知道，这种形式的再现一直使毕加索很感兴趣：在同一平面上出现多种角度和多种视觉时刻，为的是引起我们对于世界进行心灵的和总体的构筑，并"复制"这个世界的一种即时和固定的视觉。可是，对于这多种光源的辨认，可以不被解释成为一种时间的连续性，但是却总可以根据比较传统的期待解释成为一种同时性。这样，这种解释，就可以借助于一种梦幻和想象式的说明，或者借助于尽可能悲惨可怕的说明（因为唯一可见的暴雨天空使得太阳的出现更为不大可能），来为绘画增色。

因此，这幅绘画的肖像符号和对于这些符号所做的辨认，都强化了这一场所的压抑感觉和非人道感觉，因为在这个场所里，看不到任何东西，人可能被关闭在厂房里，而厂房就是用其所在土地的土建造的。最后，由作品的名称所产生的语言学讯息，完成了这幅再现绘画的悲观情绪：《奥尔塔·德·埃布罗的工厂》。这种悲观情绪带有造反的色彩，因为它揭示了一个令人窒息的、使人异化的和非人道的生产空间无益和无前途的封闭性。

结论

第二章首先被用来指出对于图像的分析作为方法所涉及到的内容。分析性方法，在要求"具有某种不可随意讲述的愿望"的同时，"并不是一种自然的事物"，它应该被理解为"一种反浪潮的运动，这种运动追求意义效果得以运行的讯息的'上游'"①。

我们想指出的是，这种"讯息的上游"也是与分析的上游相一致的，也就是说，要考虑到其拒绝的内容或其必要性（即其目的和功能的必要性），因为这些将决定其工具。

在把图像看成表现与传播之间的视觉性讯息的同时，分析方法就应该考虑这种讯息的功能、它的期待境遇和其各种背景。这样，它就可以建立起相对地使用其内在工具的框

---

① 皮埃尔·弗莱斯诺—德吕埃勒（Pierre Fresnault-Deruelle）：《图像的说服力》，PUF 出版社，1993 年。

架，并致力于对其进行区分。像图像一样，分析也将在表达
与传播之间找到自己的位置。

第三章　典范图像

1. 广告图像

　　在最适合分析的图像中，有广告图像。广告图像通常作为"图像"一词的同义词，当媒体图像不属于简单图像的时候，广告图像就是媒体图像的某种典范。这种对于该术语有点不太敬畏的使用①，是想强调我们时代所患的对于其他事物的明显遗忘症，也是在强调赋予广告图像的神奇和榜样的功能。广告图像是20世纪60年代初期图像符号学观察的对象之一，而图像符号学也为广告提供了新的理论依据。

　　实际上，广告是很大的理论消费者，或至少是很大的"理论工具"的消费者，因为"理论工具使其可以分析、理解个人在其与自己的欲望和动机的关系、个人在其与社会的其他成员之间的相互影响、个人在其对于媒体和媒体的再现

———————

　　① 该词在希腊语中为"protos"，意为"第一"和"型"：如"印记"、"标记"，典范图像传统上指耶稣的面像在维罗妮克纱巾上的印记。那种典范图像一直是痕迹图像的范例，而不是通过人的手制作的。

方式的感受"①，因此，广告从一开始就求助于社会科学、实用心理学，或者还有社会调查方法和统计分析方法的研究。当代的首批研究，由于受行为主义的启发②，没有在刺激/反应的图式中找到总体的答案，因此不得不"为了脱离这种最初的机械性的观点，而寻找建立在三个阶段基础上的初学等级模式，这三个阶段是：认知的、情感的和行为的"③；然后，就是寻找动机，正是这种对于动机的寻找确定了其目的就是在不仅求助于心理学，而且也求助于精神分析学、社会学、人类学的情况下，分析购买在消费者身上（安全性，自恋性和与一社会阶层的一致性等）或多或少引起满足的前意识和潜意识需要。目的就是使广告成为一种"投资"，而不是"碰运气"。最后，社会学和统计学借助于社会文化学方法来负责衡量广告的效果。④ 不过，尽管有这样的技术和理论手段，并没有出现使消费者入围的奇迹效果，因为他们的行为还属于经验的随意性。无疑，正像某些研究者在重新审视依据理论提出的各种传播图示的时候已经指出的那样，广告中揭示出的⑤并使"接收者"成了受害者

---

① 雅克·吉约特（Jacques Guyot）：《广告荧屏》，阿尔玛当出版社，1992年，作者在其第六章"广告探索"中提出了一种有用的广告探索历史。

② 是不求助于内省而对于行为的一种科学的和实验性研究。

③ 即英文上著名的表达方式："Learn, Like and Do."

④ 一些重要的机构，如法国市场研究及应用环境公司，超前传播中心，还有广告探索与研究所，都承担这种研究。

⑤ 被一些研究人员所揭示，如万斯·帕卡尔（Vance Packard）在其《秘密的说服活动》。

的"强制诱惑"①，通常已为接收者本身的反应、活动和自主性所质疑。

在这种背景之下，图像传播的理论研究已基本上是图像和影片的符号学领域。关于固定图像，20 世纪 70 年代所作的开拓性研究，至今是制定分析内容的基础，即便像我们上面提到的那样，分析内容要求根据分析目的而得到调整。这些研究工作，不仅对广告的生产过程，对测试讯息的理解程度和讯息得以解释的方式，也都起到了很大的影响。

下面，我们看一看罗兰·巴特、乔治·佩尼努、雅克·迪朗三人的研究工作。

1. 1　作为理论领域的广告

罗兰·巴特，作为先驱者之一，首先选定广告图像作为当时正在出现的图像符号学的研究领域。他给予这种选择的理由是可操作性："如果图像包含着符号，那么我们就可以肯定，在广告方面，这些符号是完整的，并且是为了获得最好的读解来组成的：广告图像是坦率的，或至少是夸张性的。"② 广告图像，由于"确定地是意愿性的"，因此它基本上是传播性的，并用于公众的读解，所以，它就像是对于借助图像而生产意义的机制进行观察的最好领域。"意义是如何来到图像中的呢?" 广告讯息的功能本身，由于被大多数人立即所理解，所以应该以非常明确的方式展示其组成成

① 该组合词（coerséduction）为传播学者勒内—让·拉沃（R-J. Ravault）所提。

② 罗兰·巴特：《图像修辞学》一文，上面已经引用。

分、运行方式，并让人开始回答问题。

我们在上面提到罗兰·巴特在这种分析中所使用过的一种方法。实际上，总体方法更为复杂，我们在下面将只保留其最持久的结论。

1.2 描 述

"这是一幅番扎尼广告：几包面条，一个包装盒子，一个塑料袋，几个西红柿，几个洋葱头，几个柿子椒，一个蘑菇，这一切都从半开着的网子里出来，在红色底色之上为黄和绿的色调。"

罗兰·巴特在对这幅广告做了"审慎的"描述之后（从此，番扎尼面条名声大振），便致力于区分构成这幅广告的各种讯息类型。这里有："语言学讯息、编码的肖像讯息、非编码的肖像讯息。"我们下面要重新探索这些被后来的研究者有所修订的术语。我们现在要说的，是"描述和区分各种类型的讯息"的做法。这种做法在许多方面是有益的：

描述，表面上看似简单，但却是关键的，因为它构成了视觉感受在词语上的代码转换。因此，它必然是局部的和有失公正的。为了更正确可靠，它可以变成群组性的。这种做法，通常在其所达到的表述方式的多样性方面令人吃惊。这一点已经非常重要，因为它指出了每个人的观点在何种程度上既是集体的，又是个人的。

视觉讯息的词语化，表现为主导其解释的感受选择和识辨选择过程。从"感受"到"命名"的这种过渡，对于将视觉与词语分开的这种界限的跨越，在两种意义上是决定性的。

在一种意义上（感受/命名），他指出，对于形式和事物的感受本身在何种程度上是文化性的，而且就像我们所称之的那样，"相像"或"相似"在何种程度上与感受性相似相一致，而不是与再现和对象之间的相像一致：当一幅图像在我们看来是"相像性的"，这是因为它的构成在推动着我们去破译它，就像我们破译世界本身一样。我们在这幅图像上记录下来的单位都是"文化性单位"，这些单位是由我们在世界本身记录它们的习惯所决定的。因为，实际上，一幅图像，就像世界一样，是无限地可描述的：从形式到颜色，中间经过画面品质、线条、层次、绘画或摄影器材，直到分子或原子。命名那些单位，将讯息切分为最小的命名单位，这种简单的做法已经在依靠我们对于真实的感受方式和"切分"成文化单位的方式。

理解这一情况的不错方式，是做反向的工作：即从词语到视觉（命名/感受）。一个图像计划其在视觉上成为可能之前，首先是词语性的。广告在这方面就是很好的例证。我们要首先想到是什么样的人物、什么样的服饰、什么样的特定地点，或者还要想到什么观念（自由性，女性）。找到一个词语计划的视觉对等物并不简单，而且这要求各种选择。同一个（词语）脚本可以有许多视觉性再现方式，这些再现方式与每一个人无限丰富的经验相关联。

我们再认真看一下罗兰·巴特的描述。这种描述在这一著名的文章所引起的诠释之中，并不怎么被人所注意。我们看到，这种描述包含着在这篇文章的后面和其他所有文章中出现的全部理论探索，而这些探索正是罗兰·巴特或其他理论家后来所深入进行的工作。一位不是理论家的人，也许会根据其个人的世界观和其所在时刻的利益，对这幅广告作出不同方式的更有意义的描述。

在这种特定的情况下，词语描述引入了：

——明指（dénotation）概念与后果即暗指（connotation）概念；

——借助于专有名词而将语言学讯息确定为图像的构成成分；

——为对象命名，而这种命名可以建立肖像符号的概念；

——对可见构成进行观察，比如颜色的构成，这可以使人预感造型符号的存在和对其进行社会文化编码解释的必要性。

1．3　各种讯息类型

从方法论观点来讲，这种做法是让人有兴趣的和可重复使用的。这种做法在把注意力放在图像各种构成成分的同时，有能力阐述图像的非匀质性（hétérogénéité）。它的材料是多种多样的，并连接起各种特定意指，以便产生总体的讯息。

显然，图像已经不能与相似混为一谈，它不仅仅是由肖像符号或形象性符号组成的，它还为了形成一个视觉讯息而组织不同的材料。在罗兰·巴特看来，这些不同的材料，首先是语言学材料，然后是编码了的肖像材料，再就是非编码的肖像材料。

关于语言学讯息，罗兰·巴特区分出不同的载体（广告本身，各种虚构的再现载体：标签等）。他还分析修辞学，这涉及重复手法，然后分析其与视觉讯息的连接情况，对于这一点，我们在最后一章还要谈到。

他后来所说的编码的肖像讯息，在他看来，是由不同的符号构成的。从某种程度上讲，这种探索还是不明晰的：例如他在同一个能指当中汇集了不同的成分，如对象和颜色。

实际上，示范活动所包含的持续内容，是"纯粹的图像"（也就是说广告中的一切并非都是语言学的）在第二等级上得到解释，并根据特殊的规则指其自身以外的世界。换句话说，"纯粹的图像"确实像符号那样运转，或者更准确地讲是像一组符号那样运转。这样，被再现的对象就反映了在某种社会类型中"采买自己物品"的习惯；颜色和某些蔬菜就反映了意大利或多或少形成套式的观念；构成就反映了"静物"的绘画传统；告示在杂志中的出现，就是指广告。换句话说，在通过描述而成为明显内容的文字或明指的讯息之外，还有一种"象征的"暗指的讯息，该讯息与告示发布者和读者预先就有的知识相联系。

后来的研究在于指出这些首先提出的建议的依据，并借助更为适合而较少含混的术语来使其得到明确。① 因此，人

---

① 参阅"Mu 小组"集体编写的《论视觉符号——建立图像修辞学》，门槛出版社，1992 年。

们不再笼统地以"图像"来命名总体上的告示和非语言学讯息，而是喜欢采用"视觉讯息"这种表达方式。

在视觉讯息内部，人们区分了形象符号或肖像符号，这些符号以编码的方式，并借助于感觉性相似和依据从西方的再现传统因袭下来的再现编码，向人们提供一种与现实相像的感觉。最后，人们以造型符号命名了图像的那些纯粹造型性的工具，如颜色、形式、画面组成和画面品质。肖像符号与造型符号就被看做区分性和互补性符号。

罗兰·巴特随后命名的"非编码肖像符号"，指的是讯息的明显"自然特征"，该特征与照片的使用有关系，而与素描或绘画的使用相反。我们后面还会再次谈到摄影图像的特性及其理论蕴涵。这种建议，说不上完全错误，但当时并没有实现，罗兰·巴特最终在 20 年后完成了其对于摄影的理论思考。①

目前需要记住的是，讯息的总体意指是与其载体的本质相联系的：摄影，素描，绘画，雕刻，综合图像，等等。

1．4　图像修辞学

这篇开创性文章的最后一点，也是非常关键的一点，并且也非常具有阐述性：就是对于"图像修辞学"的研究，而这正是罗兰·巴特文章的题目。

"图像修辞学"这一表达方式，尽管一再被人使用，甚至是被人糟蹋，但当它不是简单地被用来蒙蔽人的时候，仍

---

① 《转绘仪》，1980 年由伽利玛出版社在罗兰·巴特去世几个月后出版。

然是不大被理解的某种谜团。因此，我们需要重新提及某些内容，并提前提及某些概念，以便理解罗兰·巴特及其后继人以"修辞学"一词本身和以"图像修辞学"这种表达方式所要说的意思。

1.5 传统修辞学

传统修辞学是早在古希腊时期就建立的非常久远的一门学问，它标志和渗透进了西方的整个文化之中，以至于我们当中的每一个人在其学习、工作或日常生活中都是一位"讲求修辞"而不自知的茹尔丹（Jourdain）先生。

在古人那里，修辞学是在公众面前把话说好的"艺术"（根据"技巧"［technique］一词的词源学意义）。古希腊的修辞学家，首先是演说家、雄辩大师。把话说好，接着是把文章写好，意味着话语达到了其目的：说服了其听众。因此，"好"便与效果标准相一致，而非与道德标准相一致。

所以，论证的有效性，一如风格学的有效性，更关系到相像，而不关系到真实："实际上，在法庭上，人们根本不担心说话是否真实，而担心是否具有说服力，而说服力便关系到相像。"①

---

① 参阅托多罗夫在《符号学探索，相像性》一文的"导言"部分引述的柏拉图的话，见《交流》杂志，N°11，门槛出版社，1968 年。

人们经常把相像看做是一个话语（或一个故事）与现实之间的相宜性，但它实际上是和一个话语（或一个故事）与公众舆论的期待或称二级话语和集体话语之间的相宜性相一致。这就是说，它并不与实际情况（就像真实所是的那样）有关系，而是与多数人认为是实际的有关系，并且它出现在公众舆论的无特色和无人称的话语之中。因此，我们便可以理解这一著名的表达方式了："现实超越虚构。"虚构借助于一定数量的约定（制度、体裁等）提出一些可接受的模式，而现实则不总是这样。这就是说，对于言语活动意识的产生伴随着主导这种言语活动的一种有关各种规则的科学即修辞学和某种观念的产生，"相像，它想填补这些规则与人们认为是言语活动之特性的东西（即其对于实际的参照）之间的空当"①。

尽管 25 个世纪以来人们一直与词语反映事物这样的观念做斗争，但相像性还是与真实相混淆，词语和图像还是与事物相混淆。

于是，我们理解，为什么修辞学有时被人指责，有时又被人捧上了天：看法取决于我们赋予言语活动的功能。如果是趋向于真实和好，那么修辞学就是苏格拉底贬低的"装腔作势的言语"或"装腔作势的艺术"；如

---

① 要研究"相像"概念，请参阅上述《符号学探索，相像性》一文，同上。

果它的功能是"使人高兴和打动人"，那么修辞学就将被视为有益的艺术，就像亚里士多德在其《诗学》中所做的那样。从古代到今天，有关修辞学或诗学的论述，就这样依据其被看做是修辞学或是被看做是诗学而相互接续着。①

一直到 20 世纪中期，修辞学始终在教学中讲授（现在的"高中阶段"直到 20 世纪 40 年代一直被叫做"修辞班级"），现在继续以更为潜在的方式渗透着我们的教育和文化。尽管 20 世纪 60 年代出现了从世纪初就被形式主义和现代语言学、精神分析学和结构主义所重新审视的新修辞学。

在阐述这一点之前，为了更好地理解事物的发展，我们想重提一下修辞学的古代领域是什么。②

发明（inventio 即 invention），在于寻找话题、论据、场所和与主题或所选择的原因有关系的扩展技巧和说服技巧。这就是在我们的传统论述文中我们所了解和

① 参阅亚里士多德、西塞隆、维吉尔或坎迪连的著述：中世纪有大修辞学派的诗歌，他们认为修辞学是对于言语活动的形式源泉（诗学）的开发；18 世纪有吉贝尔和迪马赛的论述；19 世纪有皮埃尔·封泰尼埃的《话语修辞格》（弗拉玛里出版社，"Champs"丛书，1977 年）；最后，有莫里耶最近的著作《诗学与修辞学词典》，PUF 出版社，1981 年。

② 重提这些，应该被理解为鼓励更为深入地研究这个问题。参阅罗兰·巴特《古代修辞学》一文，见《交流》杂志，N°16，《修辞学研究》专号，门槛出版社，1970 年。

"寻找想法"的东西。

安排（dispositio 即 disposition）在于话语的重要部分的就位情况（开端、叙述、争论、结尾等）。这就是我们所了解的最有效的对于"设想"的寻找。话语或"想法"的层次化在很大程度上取决于体裁。传统的叙事文从传统的修辞学中借用组织规则。[①] 文学论述或哲学论述，由于与观念争论相一致，所以要求在最强的观念上结束，而新闻写作则通过观念或很强的信息来开始一篇文章，为的是抓住读者，并且只在后面才对观念或信息进行展开。

风格（elocutio 即 style）关系到词语的选择和句子内部的组织，也就是说关系到风格的修辞格。修辞格传统上分为两大范畴：句子的修辞格，它涉及组合关系（出现的组织形式）以及词语或转义的修辞格，涉及聚合关系（在一已知类别中选择，以及被选择与未被选择词语之间的关系）。[②]

句子的修辞格在于操作句子的基本组合结构，进行颠倒、简练、重复、间接肯定、反衬、感叹、渐变等。

词语的修辞格在于对词语本身的选择。通常最熟悉的修辞格，就是我们在上面已经谈到过的隐喻（借助于

---

① 这些规则在美国的连载故事中得到了有效和系统的使用，例如开场白或序言，最初平衡的突然失衡或打破，曲折，承认或结局，尾声。

② 关于组合与聚合的概念，请参阅上面第二章内容。

质量上平行的替换）和换喻（相邻替代），后者如以容器替代内容（喝一杯），以工具替代使用者（这是一杆好枪），以后果替代原因（吃油炸食品）等。

使用这些修辞格，本身也非常受文学体裁（史诗、抒情诗、悲剧、喜剧、田园诗、哀歌等）的限制。指出体裁的风格规则（或根据时代指出其无规则），是各种"诗学艺术"或"诗学"的功能。

这种有关修辞格的修辞学，组成了至今仍然富有生命力的古典修辞学，我们可以咨询的修辞学论述很大程度上还是有关修辞格的论述。① 还有，在许多人的思想中，包括一些研究者在内，"修辞学"是"修辞格"的同义词，这就对于阐述某些内容带来了先决的混乱。实际上，在一篇话语中找出某些修辞格，并不足以确定其自身的"修辞学"，也就是其论证类型。我们在后面将再回到图像的修辞学方面，但是我们首先要完成对于重点内容的这种重述。

实际上，古代的修辞学包括两大技巧领域：记忆和发音。

记忆（memorio），就是"记忆的艺术"。这种技巧似乎已经被人们废弃，或者人们已经忘记它也属于修辞

---

① 参阅上面提到的皮埃尔·封泰尼埃和莫里耶的著述。不管怎样，我们不大建议解读它们，不论是有关其富有教育意义的方面，还是其言辞华丽的方面。

学，它还涉及某些行业，如喜剧演员或律师。在过去很长时间里，它是那些流动诗人或讲故事的人的依托，就像它是政治演说家或宗教演说家的依托那样。

发音（actio 或 prononciation），过去只涉及朗诵技巧和手势技巧。这部分修辞内容，曾经很快被人放弃，但现在仍然在某些公共表达行业（戏剧、法庭）里很有活力。它也在那些传播行业里得到了重新发现，而尤其是视觉传播行业如电视行业。这是某位政治家的"传播顾问"的任务，他要教给政治家如何在摄像机前说话和站立，以便尽可能地具有说服力。

对于古典修辞学的这种回顾，我们必须解释它所带来的新用途即"新修辞学"的出现，还要解释它在哪些方面涉及图像。

实际上，人们注意到，这种记录仅仅反映了词语表达和交流、口语和书面语的修辞学，并且人们越来越难于判断它，人们或者将其看做欺骗的艺术（博苏埃曾说过"修辞学的做假色彩"①），或者被看做一种菜肴拼盘，或者是多余拼凑的"装饰"，但这种装饰却可能很坏地影响到思想的发展和表达的诚实。因此，浪漫派作家贬低修辞学。

---

① 这一点有很大的矛盾：博苏埃作为 17 世纪最伟大的说教者之一，而这个世纪的极富灵感和名声大震的各个时期又都属于法国古典文学最辉煌的时期，他竟然也指责修辞学！实际上，就像他在其最著名的说教辞中那样，他是在修辞学不能引导他走向上帝时才指责修辞学。在这种绝无仅有的愤怒之中，我们看到了反改革派的巴罗克美学的意识形态。

1.6　新修辞学

20 世纪之初的重大思想运动，带来了对于修辞学的重新考虑。

首先是俄国形式主义和正在诞生的现代语言学。1910—1920 年间，俄国出现了两个文艺团体，莫斯科团体①和圣彼得堡团体，它们是俄国形式主义的起源。它们都对语言学和近现代诗歌感兴趣，或者准确地说，是对诗歌的语言感兴趣。这个运动尽管在法国为人所知甚晚，但它成了文学理论革新的起点，这种革新不把文学看做生活的反映，而看做一套手段：作为该运动的领导人之一的施克洛夫斯基就说过"艺术作品是一套方式"，在他看来，"形式与内容的分离没有意义"。

雅格布逊断然与"神圣的艺术家"传统和"无意识的"创作决裂，宣称"手段，这才是文学的真正英雄"。这一思想运动引起的后果，在批评和文学理论方面以及在艺术创作方面，都是巨大的。② 实际上，不少创作者，如诗人马雅柯夫斯基，电影导演艾森斯坦，都曾参与这一运动，并以其思考和实践尽力证实，按照罗贝尔·米西尔的说法，就是"一种艺术，在无理论的情况下，从来就不会成为伟大的艺术"③。

---

① 1915 年由罗曼·雅格布逊创立。

② 参阅《文学理论》一书，俄国形式主义文论汇编，T. 托多罗夫选编、介绍和翻译，门槛出版社，1965 年。

③ 关于 20 世纪 30 年代匈牙利电影艺术和电影理论家贝拉·巴拉兹，请参阅《电影的新戏剧理论观察》一文，1925 年 3 月 8 日。

至于我们，我们要记住的，是这种新的看法标志着修辞学的重新组织的开始，它不再是像一个储存库，而是首先像文学，然后在更大的范围内像艺术的基础本身。

在对艺术进行理论思考的同时，作为语言学家的雅格布逊①还指出，在研究失语症时，言语活动就是修辞学。

　　雅格布逊后来指出，言语活动的混乱，情况多种多样，它们或者影响到言语活动的组合轴，或者影响到其聚合轴。也就是说，总是有一定程度的"减退，或者是选择与替代能力的减退（聚合轴），或者是结合与前后连接能力的减退（组合轴）"。于是，雅格布逊指出："隐喻就在相似关系的混乱中成为不可能，转喻就在比邻关系的混乱中成为不可能。"换句话说，大脑的某些区域可以进行某些理论过程，而其他区域则不能。

　　最后一步（这一步已经引起了对修辞学的重新考虑），雅格布逊注意到，潜意识本身也在遵守某些修辞学规则的同时起着一定的作用。他重新接触弗洛伊德关于梦的机制的研究工作，他想到，弗洛伊德曾经研究过"梦的工作"，也就是说，研究过潜意识尽力掩盖躲在明显的内容即梦的记忆后面的梦的潜在内容的方式。② 于

---

　　① 关于后来的阐述，请参阅罗曼·雅格布逊在《总的问题》一文，见于《普通语言学论集》，同上。

　　② 弗洛伊德：《梦的解析》，PUF 出版社，1971 年。

是，他便尽力指出（同时代的其他人也这么做①），弗洛伊德描述的主要原则（凝聚与移情）是建立在相似原则（比如隐喻）或比邻原则基础上的。

1.7 修辞学与暗指

在 20 世纪 60 年代，文学理论的革新，对于俄国形式主义的发现，然后又是结构主义，各种人文科学（如人种学或精神分析学）对于语言学的借用，这一切智力上的变化使得罗兰·巴特开始在修辞学方面想象图像的运行机制。

他当时提出的设想尽管还是很不明朗的，但他已经从两种可接受的方面来理解修辞学了：一方面作为说服和论证的方式（发明），另一方面作为修辞格（风格），而后者则关系到图像。

关于修辞学作为发明即作为说服的方式，罗兰·巴特在图像方面辨认出了暗指的特征性：暗指修辞学，也就是说，图像具有根据第一次意指即一个充实的符号而引起第二次意指的能力。

照片（能指）使我可以辨认出西红柿、柿子椒或洋葱头（所指），这就构成一个充实的符号（一个能指与一个所指连接）。可是，这个充实的符号继续发挥它的意指动力，变成第二个所指的能指，"地中海地区的水果和蔬菜，意大利等"。这种意指过程通过一个著名的公式已经广为人知：

---

① 参阅雅克·拉康《潜意识中的字母阶段》，见《精神分析学》第三卷，1957 年。

	能指	所指
能指	所指	

　　于是，罗兰·巴特构想和建立了图像而尤其是对于广告图像的"象征性"读解。他认为，这种暗指程序是由任何图像甚至是最为"自然主义的"图像例如摄影构成的，因为不存在"亚当式的"图像。对于一个特定的社会和一种特定的历史来讲，这种第二次读解即解释的动力可能是带有"意识形态特征"的，但这丝毫不抹杀这样的事实，即在罗兰·巴特看来，一幅图像总是想说出它在第一阶段也就是在明指层次上所表现的内容之外的东西。

　　这种提法，虽然经过后来的研究工作广泛地进行过验证，但有一个问题悬而未决。这种暗指修辞学，虽然在读解图像方面是可以感知的，但它是否在任何言语活动方面包括词语的言语活动都是专有的呢？某些语言学家①指出，像没有"亚当式"图像一样，也没有"亚当式"的言语活动，而且，在词语表达方式周围，"聚集着"一群不同的暗指，这仅仅是因为它们本身的严格性在"暗指""科学性"或暗指对于"初始"信息的欲望。

　　因此，我们可以说，在我们看来，任何形式的表达和传

---

　　①　参阅卡特琳娜·凯尔布拉—奥莱齐奥尼所著《暗指》一书，里昂，PUL 出版社，1984 年。

播都是暗指性的，而且，我们在本书开始时谈到的符号的全部动力恰恰就建立在这种意义的不停止移动基础之上。实际上，关于暗指的这种修辞学所揭示的，并不是视觉讯息的图像品质，而仅仅是符号品质。这种修辞学告诉我们，图像，尽管其构成一个客体，但它还是属于有别于事物本身的一种言语活动。

这样，暗指就不唯图像所专有，但在图像的运行方式理论化之初，必须将其看成图像的意指的构成部分。这在揭示相似的盲目性和将图像看成符号——更准确地讲是看成符号系统的时候，尤其是必要的。

实际上，并不是总有必要提醒和强调图像并不是它们所表现的事物，但是却可以提醒和强调图像总是在利用这些事物来谈论其他事物。

1．8 "修辞学与广告"

这是雅克·迪朗的一部论著的书名，这部论著始终被当做研究修辞学与广告之间关系的参照。① 这项研究工作的最著名方面，是它借助于研究一千多幅广告而明确地指出，广告使用全部的修辞格，而此前人们一直认为唯独口语才是这样：组合的修辞格（即句子的修辞格）和聚合的修辞格（即词语的修辞格）。迪朗根据言语活动的每一个轴和所进行的操作类型（添加，取消，替代，交换）或各种变体之间的

① 雅克·迪朗：《修辞学与广告》，见《交流》杂志，N°15，"图像分析"专号，门槛出版社，1970 年。

关系（一致，相似，不同，对立，假同系，双意，反论），提出了这些修辞格的分类图式。

因此，我们在广告方面会很容易地看到视觉性隐喻，比如万宝路香烟的广告，它用一罐可口可乐或者发动机的电瓶，或者汽车的收音机来代替一盒香烟，为的是借助于暗在的相比来赋予香烟所不出现的对象的品质（凉爽，能力，欢娱等）；视觉夸张借助于与间接肯定手法相一致的放大方式也经常被使用；载体的省略，甚至产品的省略以及视觉性比较，也是经常使用的。

其他的修辞格更属于广告的整体建构问题，这种建构是借助于对（组合关系上的）同时存在的各种成分进行组织和结合来进行的，诸如重复、颠倒、渐变、堆砌等。对于广告图像进行细心的观察，在这一点上是非常丰富的，并可以标记真正的修辞学发现。

不管怎样，如果我们只是为了修辞格本身而且不在其意指功能里去设想它，那么，去寻找这种修辞格就没有太大意义。这样的寻找，仅仅是自圆其说的编造目录的工作。相反，进行这种寻找并尽力理解通过这种方式引入了什么意指，却是非常有创建的，并且是理解解释机制所必须的。

雅克·迪朗在开始进行这种形式研究的时候就是这样做的，这种形式研究一直不正确地被认为比我们看得更为重要的解释框架更为出名。

传统上，修辞学是在两个言语活动的层次间建立关系：“本体言语活动”和“形象化言语活动”，而且，修辞格是"从一个层次到另一个层次的过程"。雅克·迪朗注意到了这两点，并据此提出了下面的问题："如果想使人理解一个事物，为什么要说另一个事物？"他在此研究了被看做与一种言语活动的"标准"（在此是视觉性"标准"）之间出现距离的风格这个广泛的问题，对于广告，他提出了一种答案，这种答案引入了弗洛伊德的欲望概念和检查概念。①

他从隐喻例子出发。从字面上来讲，隐喻是不可接受的，因为它是一种谎言②，它在强迫读者或是观众在第二个层次上对其进行解释。我们还举上面的例子，人们不会用香烟盒去喝水，也不会用香烟来为其汽车充电。人们不会与一头狮子一起生活，即便当人们所喜爱的男人"出众和慷慨"。雅克·迪朗的想法是，借助于隐喻说出的句子，不仅是谎言，而且尤其是对于社会的、身体的和言语活动等的某些规则的违反。

于是，我们在广告之中可以看到按照多种规范搞出的各种类型的自由例证：拼写法与言语活动（Axion 代

---

① 见《风趣话和其与潜意识的关系》，法文译本，伽利玛出版社，"观念"丛书，1970 年。

② 安贝托·艾柯（Umberto Eco）在其《符号学与语言哲学》一书中对隐喻就是这样确定的（法文译本），PUF 出版社，1988 年。在这本书中，他将隐喻与象征对立起来，他认为，象征是不必进行解释的：鸽子象征着和平，开花的树木象征着凉爽，它们保留着一种可接受的字面意义，因为人们可以停留在上面而不再深究。而对于隐喻，根本不可能这样。

替 Action，"Omo rikiki maousse costo"），重量（轻的香烟悬在空中），性欲（女人身体的色情表现总是伴随着各类产品），奇幻（非现实存在的东西作为独立的或不合比例的事物闯入现实存在的东西之中，一台冰箱向着一处印第安人的官殿打开着，一条被咬碎的巧克力引起了整个装饰的倒塌），不胜枚举。所有这些违反情况都是被修辞格所支持着：隐喻以及间接肯定，夸张，省略，堆砌，错格等。

论证的第二点是，这些违反是假装的，大家都知道。因此，违反的欲望在无须引起真正检查的情况下就可以得到满足，因为既然是假装的，那就不会受到惩罚："尽管是假装的，违反仍可以带来对于一种不会受到惩罚的欲望的满足，而且正因为是假装的，所以它能带来一种不会受到惩罚的满足。"因此，任何修辞格都可以被当做对于一种"规范"的违反来分析。

于是，在雅克·迪朗看来，广告图像中的修辞格功能就在于引起观者的兴趣：一方面使他节省观看的时间，也不必迫于禁令和压力而付出心理努力；另一方面则可以使他梦想一个什么事都是可能的世界。"在图像中，所说的规范尤其是身体现实的规范……修辞化的图像，在对其直接读解的情况下，属于奇幻、梦境、幻觉：隐喻变成了形变，重复变成了形体的分开，夸张变成了巨大，省略变成了轻升，等等。"

对于图像分析来讲，这一研究工作成了珍贵的参照，因为它提醒我们，记录也好，分类也好，它们都应该只是服务于分析计划的辅助性手段，没有分析计划，它们就失去任何意义。雅克·迪朗不仅指出修辞格的机制并不是词语言语活动才有，他还指出广告领域是一个丰富的观察领域。

这种令人信服的论证，其结果显然并不只涉及广告图像，在这种论证之外，雅克·迪朗还研究了使用这些修辞格的作用。他所记录的一个作用，就是借助于假装的而不受到惩罚的违反来使人快乐的作用。因此，他建议将广告图像的修辞学看做是一种寻找快乐的修辞学。要重新表述这种建议，我们可以说，广告图像在广泛地使用一套修辞格，为的是建立一种享乐主义的修辞学。

于是，我们看到，人们还在区分"修辞格"和"修辞学"，但修辞格是为修辞学服务的：风格是服务于发明的，或者说风格服务于特定的论证。

1．9　建立普通修辞学

因此，这种总体回顾可以使我们重新定位和理解罗兰·巴特在"图像修辞学"中提出的内容。这些内容已经进入了从词语的言语活动修辞学扩大到可适用于所有言语活动的一种普通修辞学的概念发展进程之中："传统的修辞学应该可以用结构的术语重新进行思考，并且有可能建立一种对于发出的声音、图像、动作等都有效的普通修辞学。"

雅格布逊也曾经考虑过，隐喻和换喻绝非文学所专有，它们还出现在"非言语活动的符号系统之中",如绘画和电影:"我们可以注意到立体主义的明显换喻方向,超现实主义画家借助于一种明显的隐喻概念而重新振作了起来。"

为更好地理解这种论断,我们重新指出,提喻是很接近换喻的一种修辞格,因为像换喻一样,提喻也是按照比邻原则运行,并以部分来命名整体。由于立体主义具有看重对象的形式和体积再现,而忽视其他信息的再现,所以我们可以认为,这种形式的绘画是换喻性的。但是,这种简单的看法还不够,还应该为了可操作性而进一步思考这种做法的目的和解释后果。

至于超现实主义绘画中的隐喻,不乏视觉性替代的范例(面孔/钟表,模特/身体,自然/支架……),它们都会引起观者的想象,这与"超现实的图像"以诗意引起观者的想象是一样的。隐喻的创造性和认知性维度会在整体上发挥作用。

从对一种普通修辞学的设想到对其加以肯定,这种演变在后来的年代之中得以进行,而且得到的结果是,修辞学不仅关系到词语的言语活动,而且关系到所有的言语活动:最初的假设是,"如果存在着有关意指和传播的总规则——这自然是符号学的假设,那么,找出可与我们在词语的言语活动中观察到的东西相比的复调现象,就是可能的。随后的次级假设是,作品中存在的是一些相当通有的机制:通有,是独立于作品被表现的个别领域的"①。研究工作是从已知的

---

① 参阅 Mu 小组集体编写的《论视觉符号——建立图像修辞学》。该书介绍了 30 年来有关图像的符号学研究成果,并在普通修辞学内部提出了图像修辞学。

古代修辞学开始的，比如风格，我们在前面的例子中提到过。① 不过，我们已经看到，这种研究并不因此忽视对于发明的重新考虑，甚至也会提及安排。

不管怎样，研究图像的修辞学，都要考虑视觉讯息的"形式与意义的关系"，而且，要在多种层次上给予考虑，这些层次包括对已经建立的话语整体构成的观察，也包括对这些整体构成所采用的比较特殊的工具的观察。

为了阐述广告图像和图像的修辞学的发展，我们愿意提供一个分析例证。

2. 一幅广告的分析例证

这是一幅有关"经典万宝路"服装的广告。我们的目的是找出这幅海报所包含的暗在话语，并更为明确地指出它所面向的公众。

背景情况：这幅广告发表于 1991 年 10 月 17 日的《新观察家》周刊上：广告的载体——《新观察家》杂志，面向一种特殊的读者群，他们是混杂的、更属于知识阶层的，是由"左派干部"和中产阶层组成的。考虑到要推销的产品，季节是重要的。

2. 1 描　述

广告占据了满满的两页。

---

① 参阅 Mu 小组集体编写的《普通修辞学》，拉鲁斯出版社，1970 年。

L'HIVER EST PROCHE, NOS POINTS DE VENTE AUSSI

BOUTIQUES EXCLUSIVES

DIJON PASSAGE DARCY GRENOBLE 18, RUE DE STRASBOURG LILLE PLACE DES PATINIERS LYON 02 6, RUE JEAN DE TOURNES MARSEILLE 01 5, RUE FRANCIS DAVSO
NICE 4, RUE LONGCHAMP PARIS 02 9, RUE D'ABOUKIR "PLACE DES VICTOIRES" PARIS 16 50, RUE SAINT-DIDIER

CORNERS

AIX-EN-PROVENCE ESPACE MARLBORO CLASSICS PARIS 09 BD HAUSSMANN GALERIES LAFAYETTE PARIS 15 MAINE MONTPARNASSE GALERIES LAFAYETTE VAL D'ISÈRE SNOW FUN

POINTS DE VENTE

ABBEVILLE GRAFFITI AIX-EN-PROVENCE BAZAR ALBI NEVADA ANNECY MARIE JULES LES ARCS 1800 POP CORN AURILLAC MADNESS AUTUN NEW JIMMY AUXERRE AUTRE CHOSE
BARCELONNETTE LES UNS ET LES AUTRES BERCK PLAGE PIERRE H. BESANÇON BLEU MARINE BIARRITZ ELLIS PARK BIARRITZ GOLFER BORDEAUX CASE DÉPART BORDEAUX OXMAN
BORDEAUX CHAPPARAL & CHAPPARAL BOULOGNE-SUR-MER JEAN CHRIS BRIVE GOLDEN RIFLE CAEN OUEST ÉQUITATION CANNES ARNOLD & PARTNERS CANNES DOCKLAND CASTRES SHOP 81
CHAMONIX SPORTING CHÂTEAUROUX DIANE DE BRENNE CHÂTEAUROUX LONE STORE LE CHESNAY AUTHENTIC CLASSIC CHOLET LA BASANE COLMAR LA COMPAGNIE
CORBEIL CARTOUCHE COURCHEVEL OXYGÈNE DECAZEVILLE SAXO DINAN ROLLAND EXTENSION DREUX AUX TRAVAILLEURS ÉVRY WESTERN CANDY GAP PATRICE BENOÎT
GRASSE LE GRENIER GRENOBLE CACTUS LE HAVRE TERRITOIRE ÎLE-ROUSSE SUBWAY LAVAL LE COLONIAL LILLE LA MODERIE LONS-LE-SAUNIER AMERICAN COMPLEMENT LYON DANSEL
LYON STOCK AMÉRICAIN LYON SPRINGER LE MANS L'HOMME D'EMMMANUELLE MARSEILLE ARNOLD & PARTNERS MARSEILLE CENTRIFUGE MARSEILLE PRINTEMPS VALENTINE
MARTIGUES GAUDISSARD CASTELLI MÉRIBEL OXYGÈNE METZ FISS METZ LONG DISTANCE METZ TONIC SPORT MONTARGIS AUTHENTIC MONTCEAU LES MINES NEW JIMMY
MONTPELLIER GROC MULHOUSE LE GLOBE MULHOUSE STOCKS AMÉRICAINS NANCY WEEK-END NICE ARNOLD & PARTNERS NOGENT SUR MARNE NEW LOOK MENTHON LAFFARGE SPORT
ORLÉANS HIPPARION PARIS 01 FORUM DES HALLES NIV. -2 SOUS ET LES AUTRES PARIS 01 FORUM DES HALLES NIV. -3 CHEWING GUM
PARIS 01 FORUM DES HALLES NIV. -3 WESTERN COUNTRY PARIS 01 PING-PONG PARIS 04 UNITED CLEVELAND PARIS 06 ATOMIC CITY PARIS 06 PING-PONG PARIS 08 HARVEST
PARIS 08 WHISPER PARIS 09 JACK DE NEW YORK PARIS 11 COMPTOIR DU DÉSERT PARIS 15 EPSILON PERPIGNAN AUTHENTIC
LE PUY PRÉFACE QUIMPER SQUARE RENNES SCOTT LA ROCHEFOUCAULD WEST VALLEY RODEZ CARTOUCHE RODEZ OLYMPIADE ROMANS DEDV ROYAN BROTHERS AND FÉMININS
SAINT ÉTIENNE REDFORD SAINT-GILLES-CROIX-DE-VIE BOUTIQUE LOOK SAINT-PIERRE-DU-PERRAY AXEL SPORT · CC DU CLOS GUINAULT SAINTES EQUUS SARREGUEMINES SYMPHONIE
SCEAUX DISSIDENCE SÈTE EQUI LIBRE SOISSONS SAFARI JEANS STRASBOURG ROOTS TASSIN-LA-DEMI LUNE CLINTON'S THIAIS FALZARD · CC BELLE ÉPINE
THIONVILLE PACO THONON ANDREA LORENZI TIGNES BOIT ASKIS TOULON PIERRE BRUTE TOULON LORD JOHN VALENCE BADO SPORTS VALENCIENNES ANDRÉ GRÉDÉ
VILLEFRANCHE ARNAUD G. VÉLIZY VILLACOUBLAY FALZARD · CC VÉLIZY II VINCENNES BROTHERS VOIRON J.C. RAVET

POUR PLUS D'INFORMATIONS FRANCE : I.F.T. INT'L FASHION TRADING S.A. - AVENUE DE COUR 135, 1007 LAUSANNE, SUISSE · TÉL. : 021/617 4510.

FITS THE MAN*

左面的一页全部被一幅照片占据，在灰白色的底色上，是身穿皮夹克的一个人上身部分的一种棕色色调，戴着手套的右手抓住马的缰绳，我们只看到了马鬃、马颈和马鞍的前部。这幅照片大部分黑暗，黑暗尤其充满了"图像"的右侧对角线以下的空间。

右面的一页，在该页的上三分之一处有一幅小照片（尺寸为8×10），聚焦和再现的是一幅雪景：棕色的木栏杆在雪和光秃秃的树木背景中像是在界定一个畜栏。看不到天空。

照片上方有一行字："冬天临近了，我们销售网点也如此。"照片下方是一个按照类型分类的在法国的销售网点的名单："专卖店、科奈尔销售集团、销售网点。"城市的名称都在下面。这个城市名称和地址的名单几乎占据了满满的一页。

在这一页的下面，是黑色大字体的产品商标：Marlboro Classics，而且，下面有小字体的"Fits the man"；右下角一个小星号，旁有一行小字体的译文："装扮男人们"，与之相对应的是左下角也有一行同样大小的字体："Marlboro Leisure Wear 的产品。"

有三种类型的讯息构成了这幅视觉性讯息：一是造型讯息（message plastique），二是肖像讯息（message iconique），三是语言学讯息（message linguistique）。

2．2　造型讯息

我们指出过，在构成视觉讯息的视觉符号中，有一些是造型符号。造型符号与肖像符号之间在理论上的区分，可以追溯到 20 世纪 80 年代，当时，尤其是 Mu 研究小组成功地指出，图像的造型符号（颜色，形式，组成，材料）是一些充实的和完整的符号，而不是肖像（形象性）符号的那种普通的表达材料。[①] 在我们看来，这种基本区分让我们看出，视觉讯息意指的一大部分可以通过造型选择来确定，而不是单一地通过相似的肖像符号来确定，尽管这两种类型符号的作用是循环和互补的。因此，我们愿意从分析造型工具入手来开始我们的分析，然后再进行对肖像符号的解释，因为对肖像符号的命名必然主导词语描述。

载体

报刊用纸、半上光、杂志开本、双面。让人想到带有一定质量的周刊的世界，也让人想到广告页与重要文章之间必然的交替。

告示的大小，拼版，所使用的字体类型，这些都指出，这个视觉讯息是一幅广告。这里，有一个遵守广告传统的事情，这种传统要求广告是什么样子就以什么样子出现。

并非总是这样，尤其是在周刊的情况里，因为在周刊里，我们会看到类别之间有时是让人眼花缭乱的变化，例如在读解时，报道的拼版和排字相互揭示是属于"广告—报道"，也就是说属于广告。这时，广告就借用新闻报道的约

[①] 参阅《论视觉符号——建立图像修辞学》，同上，或者为了更为简便的阐述，请参阅乔丽的《图像与符号》，同上。

定标志并将这些标志推向广告。

在此，有了这种类型的方式，广告就表现为"广告"。

然后就是印出的照片，照片在表现为形象性图像即被录制下来的现实本身的痕迹的情况下，它们使再现"自然化"，并因此趋向于使人忘记它们的被构成和被选择的特征。

边框

任何图像都有其实际的界限，根据时代和风格的不同，这些界限都或多或少由一个边框来体现。边框，即便不总是存在①，但却通常被感觉为是一种限制，于是，人们便尽力淡化它和将其忘记。从视觉讯息内部的重新取景到边框的完全取消，有许多方法可以采用。

在左边的那一页上，照片没有被边框限定，但似乎是借助于那一页纸的边沿而切断和终止：如果我们看不到更多的东西，那是因为那一页纸太小。

这种使图像边框（或界限）与载体边沿相混淆的做法，对于观者的想象力具有特殊的作用。实际上，这种切断，由于更归咎于载体的大小而不归咎于取景选择，所以更促使观者凭想象力去构筑我们在再现的视觉范围内所看不到，但却对其给予补充的东西：景外之物。

在开始进行读解的左侧那一页上没有边框，这就可以建立一种离心式的图像，从而激励观者去构筑补充的想象。长

---

① 参阅《修辞学与边框符号学》一文，见《论视觉符号》，同上，并参阅伊莎贝尔·卡恩所著《画家们的边框》一书，艾尔曼出版社，1989年。

时间以来，电影已经使我们习惯于这种景内与景外的做法，这种方法不明显地依靠电影世界。

相反，右侧一页的空白空间，则充当小照片的边框，这个边框就像一枚印花嵌入上三分之一的地方。这个边框的效果相反却增强了视觉再现，因为它要求借助于一种向心的解读，去进入其虚构的深度之中，就像在一幅风景画的深度之中那样。因此，这种方法更反映了首先给予摄影以启发的绘画传统，而不是电影传统。

取景

不可与边框混淆。边框是视觉再现的界限，取景与图像的大小相一致，它是被拍照的主体与镜头之间距离的假设结果。

两页纸上的取景是相对立的：左侧的取景是垂直的，而且很紧凑，它给人的印象是周围还很大；右侧取景是水平的，而且很宽远，它给人的印象是有距离。同时，它们又让我们看出了比例上的某种可比性颠倒：小的（夹克，文化）变得很大，而很大（自然）则变得很小。

取景角度和镜头的选择

对于它们的选择是决定性的，因为正是这种选择在加强或抵消与摄影载体有关系的现实感觉。

某些非常明显的取景角度约定俗成地与某些意指是紧密相连的：例如人物的俯摄与缩小效果，人物的反俯摄与扩大效果。不过，还是应该想到，这些意指，尽管非常普通，但仍然为约定，然而却不是"必然的"。有许多电影导演或摄影师非常清晰地反用它们。因此，每一种情况都应认真地审视。不过，"与人同高和正面"角度，是最容易给人一种现实感觉并使场面"自然化"的角度，因为这种角度模仿"自然的"视觉，并在更为复杂的视角（例如斜向）上得到突出，因为这些视角指明一位操作者，而不是让他被人忘记。

在此，在第一幅底片上，取景角度是一个轻微的反俯摄的角度，这个角度将目光定位于人（和马）的脚部的高度，并赋予人物以高大和力量。相反，在第二幅底片中，取景角度是一种不大引人注意的俯摄，这就赋予观者不大能够主导景致的感觉。

关于镜头的选择，效果是相似的。有些镜头景深很大（从前至后都非常清楚），它们赋予照片很深的幻觉，并且好像与自然视觉完美贴近（例如 50mm 的镜头①）。

在摄影上与在电影上一样，景深这个概念指的是一种光学方法，它借助于使用短焦镜头而可以获得前面及后面都非常清晰的图像。

这种概念是与对空间的再现相联系的，这种再现提

---

① 这是卡蒂埃—布莱松（Cartier-Bresson）使用的镜头。

供第三维度的幻觉，而我们通常只与两维度的图像打交道。这是"透视"再现的传统（意大利透视法），就像其在文艺复兴时期被意大利文艺复兴运动的理论画家们所使用的情况："在一个平整的表面上再现事物的艺术，为的是使这种再现与人们对于事物可能有的视觉感受相似。"全部的问题都在于相像。①

这种自然视觉的感觉，也是约定的，而且如果它遵守透视再现法则，那么它就不会遵守自然视觉法则，因为自然视觉从来不会在其整体上清晰地看到一个景致，不论什么景致，但它要移动和不停地调整。② 可是，正是选用这种镜头，才可以获得最大的"自然性"印象。其他长焦镜头（包括摄远镜头），都可做模糊与清晰的调整，它们将破坏透视，并提供更符合表达性的再现。还有一些镜头，如广角镜头，它们都在使透视发生变化的时候产生其他效果。例如在报道上经常使用 28、24 或 20 毫米的镜头（即广视角镜头），通常产生相当糟糕的悲剧化效果。

---

① 关于透视在西方视觉再现中的出现及其意识形态蕴涵，请参阅弗朗卡斯泰尔（P. Fancastel）的著作《绘画与社会》，德诺艾尔出版社，1977 年，和他的《形象与场所》，伽利玛出版社，1980 年；帕诺夫斯基（E. Panofsky）的《透视作为象征形式》，午夜出版社，1975 年。

② 关于视觉生理学，请参阅雅克·欧蒙的《图像》一书，同上。

在我们的例子里，左侧所选镜头，考虑到照片下面的后景与前景的模糊效果很轻，无疑是长焦镜头。这两个非常轻微模糊的区域的对立和夹克皮子及马鞍前部的清晰，将人的目光聚焦在照片的某些成分上而不考虑其他，并且以此而明显地指出了优先的注意区域。这是在避开周围限制的情况下，从一种内容上找出一种图案的方式。没有景深也是将一个场所转换成无去处场所（因此就是无处不是的场所）的一种方式。

相反，为景致照片所选的镜头，则带来了到处非常清晰的效果，并挖掘景深效果，就像在真实的三维空间中那样。

画面构成，拼版

视觉讯息的画面构成或内部几何学，是其基本的造型工具。实际上，它在视觉的层次化过程中因此也是在对图像解读的方向之中具有主要的作用。在任何图像（绘画，电影画面，素描，合成图像等）之中，画面构成是主要的，它遵守或放弃一定数量跟随着各个时代而形成的规约，并根据时期和风格而发生变化。但是，眼睛总是随着"作品为其安排的路径"①，这就与对图像可以进行"总体"解读的广为流传的错误想法相抵触了。

---

① 参阅乔治·佩尼努引用的保罗·克莱（Paul Klee）的著作《现代艺术理论》，同上。

关于广告图像，画面构成是根据"在告示中，目光选择带有关键性信息的表面"① 的方式来研究的，加之人们都知道存在着一些解读模式或范例（patterns），这些模式或范例并不赋予那一页上的所有地方同样的价值。解读的取向当然是决定性的：从左至右的解读，要求一种特定的画面构成，同样，垂直的解读（中文式的，日文式的）或从右至左的解读（阿拉伯文式的）。乔治·佩尼努在其有关图像符号学的另一篇奠基性文章中，把广告图像当做理论支撑，并在考虑读解必要性的同时，重新提出了人们在广告图像中见到的那些"优先外型表现"。那些优先外型表现包括四种：

——聚焦安排：所有的力线（特征、颜色、灯光、形式）都向广告的像是焦点的一个点汇聚，并成为要推销的产品的场所。目光就好像是被"拉"向广告的一个战略点，而那里就有产品；

——轴线安排：这种安排准确地将产品置于目光的轴线上，通常是在广告的正中心；

——纵深安排：在这种安排里，产品被包容在使用透视法形成的装饰的一个场面之中，而产品就处于场面的前面即近景之中；

---

① 乔治·佩尼努：《广告图像的物理学与玄学》一文，见《交流》杂志，N°15，门槛出版社，1970 年。

——语序安排：这种安排在于使目光浏览整幅广告，为的是在浏览之末，目光要落在产品上，这时的产品，在从左至右读解的情况下，通常是位于广告的右下方。这种类型安排的最为约定的模式，是 Z 字形安排，这种安排从左上角开始，通过某样东西将目光引导到右上角，为的是重新下落到左下角，然后阅读一小段文字说明，该文字在右下角以介绍产品而结束。

重提一下广告图像的这些主要外形表现，只是在当人们想到它们与特殊的计划有联系时，才是有意义的：将一种产品推向市场，自然要使用轴线安排，因为在这种安排里，产品始终是投向我们的光线和颜色的主导；让人意识到已经存在的产品，通常是采用聚焦安排或纵深安排；最后，当人们赋予产品其外在品质时，则使用语序安排，这种安排在读解之中将广告的品质（豪华的装饰，自然性，大海等）转移到产品上。我们知道，这种方式由于被看做是撒谎性的而在香烟方面被禁止使用。

我们现在重新回到我们的例子方面来，从左页到右页，我们看到的是一种语序安排，这种安排落在第二页下面的商标上。但是，每一页都有其自己的逻辑。

左页，大面积和倾斜式的安排，在一种向上的读解之中，将目光从广告的最清晰、最明亮，几乎是处于轴线位置的点（马鞍前部的最高点）向着右侧的上方引导，然后，目光继续读解，先是水平方向的，有词语评述，而后是从上至下的垂直读解，落在产品的名称上。首先是一种有动力的语序安排：向右侧向上的倾斜移动，在我们的文化中，通常是与动力观念、能量观念、发展观念、希望观念等联系在一起的，而向左或向右的下降式反向移动则更与失败观念、后退观念相联系。我们注意到，向下的读解是垂直的，而不是倾斜的，这就是为了避免这种类型的联想，而建立竖直和平衡的联想。

形式

　　像对于其他造型工具的解释一样，对于形式的解释也基本是人类学和文化学的。通常，人们不去对意识进行词语表述，并进而对其进行必然的解释，因为人们自认为尚不具备足够的文化水平和不甚了解造型艺术而不可去这样做。这种自动的检查，由于也可以采取干脆的不了解的形式（"就是这样子，没有什么可说的"），因此无法使我们获得精神独立性，也不能使我们获得智力上的自由。相反，特别是在广告情况里，广告商玩弄所针对的读者或多或少被内向化了的知识，因为他非常清楚我们上面所提到的所有形式的研究。

　　对于形式进行解释的另一个困难，就像对于与之差别很小的颜色解释一样，是图像特别是照片的形象化特征：形式就像是自然条件那样出现（无须对一个人或一棵树的外形去进行评述：他们就是这样），而且人们会忘记其被选择的特点。

因此，为了看出视觉讯息中形式的组织情况和理解其所诱使的解释，就必须尽力忘记它们所再现的内容，而认真地去看它们本身。特别是在广告里，在寻找明确和快捷的一种理解的时候，所引起的常常是最为普通和套式的一些联想：曲线、圆形和女性特征、温柔；形式尖突、直线和男性特征、动力等。

因此，在我们的例子里，请不要多说和多辨认，而是多观察。我们注意到，这里还有一种安排上的对立：左侧，形式柔软，成大块安排；右侧，完全是线条系统，细的和垂直的晕线，某些是带有水平线条的晕线，文字排版上的晕线使人想到上部照片的晕线。一整页，在白色的底色上由暗色和细的线条组成：俨然是对一次柔和与缓慢的下雪过程的感受性回忆。最下面，大面积的文字排版的暗淡特征在视觉上回应了左侧一页的大面积圆浑特征，因为圆柱体和垂直的形式抵消了柔软性。

颜色与明暗

对颜色与光线的解释，就像对形式的解释一样，是人类学的。对它们的感觉，像任何其他感觉一样，是文化学的，但在我们看来这也许比其他更为"自然"。不过，最后，正是这种"自然性"可以帮助我们去解释它们。实际上，颜色与明暗对于观者具有一种心理和生理的作用，因为"它们在视觉上被感受，在心理上被体验"①，它们就把观者置于与其对颜色和光线的最初和基本的经验状态"相似的"一种状态。早晨、晚上或是冬天的倾斜光线和与之相联系的表情。头顶的光线和夏天的感觉。太阳或是火，灯泡或是探照灯。②血与火的红色力量和暴力，天空的蓝色或是绿色使树叶平静。③ 为图像所作的选择，使许多参照重新活跃了起来，但人们记住的却很少，这种活跃当然带有来自社会文化方面的更正。黑色已经不再是丧葬的颜色，而白色也不再是纯洁的颜色。④

我们再回到我们的例子上来。两幅照片的颜色是一样的：棕色，灰白色，银白色，白色。印刷字体的颜色：白底色上的黑色。白色，是"寒冷、下雪、北部的颜色"⑤，灰色，是天空有云和金属所具有的颜色；黑与白是彩色的反面；棕色是土地、树皮、皮革和棕毛的颜色。这些联想在这个例子里尽管非常明显，但显然还是被肖像性符号本身所极

---

① 根据画家与教授康丁斯基（Kandinsky）的用词，"'博豪斯'讲义"，见《作品全集》，德诺艾尔出版社，1970年。

② 参阅亨利·阿莱康（Henri Alekan）所著《光线与阴影》，法国电影资料馆出版。

③ 参阅康丁斯基（Michel Pastoureau）所著《论艺术特别是自然中的心灵》，伽利玛出版社，"Folio-Essais"丛书，1989年。

④ 参阅米歇尔·帕斯图罗所著《我们时代的颜色词典——象征与社会》，博奈通出版社，1992年。

⑤ 但在西方，也是纯洁、怜悯、天真的颜色，还是卫生、清洁的颜色，单纯、和平的颜色，智慧、年迈的颜色，亚里士多德主义和君主制的颜色，没有色彩的颜色，神圣之颜色。参阅米歇尔·帕斯图罗词典中的"白色"词条，同上。

大地诱使。如果这些同样的颜色是限定在另外的图案（皇冠，长裙，花）之内的话，显然它们会带来其他的联想关系（比如王国，纯洁，春天）。肖像性与造型性之间的循环特征在此完全发挥了作用。不过，棕色的"热"对立于灰色银白色和白色的"冷"。

在这两幅照片中，光线是分散的。也就是说，它模仿的是冬天天空中无阴影也无突起的平淡光亮程度。与强烈和有方向的光线相反，分散的光线在其模糊空间的标志、减弱对于突起的印象、淡化色彩、堵塞时间的参照的情况下，在一定程度上使视觉再现"脱离现实"。因此，这种光线在突出再现的地点和时间性的不确定特征的同时，再一次加强了它的普遍性。

画面品质

将画面品质看做"造型符号"，是相对近年来的事情，画面品质曾经长时间不出现于艺术的理论和历史之中，就像不出现在符号学之中一样。[1] 不过，它在画家、哲学家、电影制作者们——总之是任何类型的造型艺术家们[2]——的考虑中却总是存在。在 Mu 小组的学者们看来，画面品质像颜色一样是一种表面品质，它由它的各种成分（自然性，维度）的品质和其重复的品质来确定。在两维的图像之中，画

---

① 参阅 Mu 小组著述：《论视觉符号》。
② 从最早的弗拉芒画家们的绘画的光亮画面，到印象派或立体派画家们的突点，再到那位坡洛克的各个组成部分之间的连接，表面的品质——即画面品质——富有意指功能。

面品质是"直接或间接地与第三维相联系的"。因此，人们可以说，油彩——这种厚度品质——它赋予图画一种触觉特点，是图画的第三维度。人们认为是冷的视觉感受（因为这种感受是以与观者有一定距离为前提的），我们可以说，由于再现的画面品质而"重新热了起来"，并且变得更富有色情，因为这种再现本身也要求一种触觉感受。一个视觉讯息，在从视觉色欲开始要求另外类型的色欲（触觉的，听觉的，嗅觉的）的时候，它可以活跃视觉的对应性现象。

在我们的例子里，我们谈论的是照片，这两幅照片尽管都是印在相同质量的纸上，但它们具有不同的画面品质。左边的照片上有"点"、假设的厚度和粗糙特征，而右边的照片则提供了一种光华的甚至是"冰冷的"画面品质，这一情况加剧了图像的冰冷特点和距离感。

造型意指综述

尽管有时难以彻底分开造型意指和肖像意指，这种初步的研究还是愿意以教学的方式指出，视觉讯息的造型安排是怎样会带有感觉明显的意指的。为更明显起见，我们将我们的观察重新概括成图表附在下面，同时我们提醒，这个图表并非是系统性的：

造型能指	左页的所指①	右页的所指②
边框	不存在，画面外：**想象的**	存在，边框外：**具体的**
取景	紧凑：**亲近性**	宽阔：**距离感**
拍摄角度	轻微反俯视：**模特的高大和力量**	轻微的俯视：**对于观者的控制**
镜头选择	长焦：**模糊/清晰**，无景深：**聚焦、普遍化**	短焦：俯冲，有景深：**有空间，明晰性**
构成	向上向右倾斜：**动力性**	向下垂直：**平衡性**
形式	大块体：**柔软、温和**	线条，晕线：**细微**
尺寸	大	小
颜色	主色：**热色**	主色：**冷色**
光线	分散，缺少标志：**普遍性**	分散，缺少标志：**普遍性**
画面品质	点：**触觉**	光滑：**视觉**

我们看到，这里有一系列的对立，它们先是区分，然后在读解结束的时候协调相反的方面。热色、亲近、色欲、柔和、力量、高大与冷色、距离、渺小、细腻和分散相对立，然后又借助于与读解的意义有联系的感染作用以相互的安慰

---

① 所指在此以变体的和黑色的字体标出。
② 所指在此以变体的和黑色的字体标出。

对其进行了覆盖。我们看到，对于两页广告的读解，就这样建立了不仅仅是一种视觉反衬，而且是一种真正的**对立结合**，这种修辞格在于借助两个反衬的词语的接近而产生带有两个词语对立价值的一个缓和的总体意指。①

2. 3 肖像讯息

在进行词语描述的时候，想象性符号或形象性符号，已经得到了记录。显然，除了对于图案的辨认（这种辨认是借助于遵守再现的转换规则获得的），每一个符号对于围绕着它的暗指来讲，都是其自身以外的另一个事物。

图案

在左侧的照片上，我们可以辨认出一件皮革夹克、一条胳膊、一只戴着手套和牵着马缰绳的手、马鞍的前部和动物的棕毛。

在右侧的照片上，我们看到一幅雪景、一个空荡荡畜栏的栏杆。

实际上，这种再现方式是出色的提喻式的（或换喻式的），也就是说，我们只看得到部分成分，是这些部分成分通过比邻方式来指定整体，这与不出现边框却让我们从造型上去建构图像外部的做法是一样的。因此，我们就有了按照同样的方式所组织意义的某种移动：

---

① 参阅高乃依的诗句："星空落下暗淡的明亮"，该句借助于词语之间的对立与结合，恰到好处地指出了夏天夜空中比较弱的明亮程度。

肖像性能指	第一层所指	第二层暗指	
夹克的袖子与翻领	夹克	服装档次	男人服装
鞍子前部	马鞍	骑马,	男性,
		自然	
动物棕毛	马的棕毛	马,	马群,
			广阔草原
柔软皮革	自然产品	热,	结实,
		情欲	保护
皮手套	男人的手	冷，舒适,	坚定
		力量与灵活	平衡
垂直和坚硬的	支撑点	力量	阳性生殖器像
编织的鞍子前部	鞍子	身体灵活	男性
缰绳	马	自然	广阔草原
		控制	
雪景		冷，自然界的	
		无情	
畜栏	广阔草原	牧场守护人	
空的畜栏	转地饲养	牧场守护人	

当然，我们可以用另外的方式来描述这些联想机制。但是，除了几方面的细节之外，我们会得到同样的结果。实际上，我们注意到，我们只看到了很少的东西，这些成分足可以汇集赋予一个想象的、强壮与爱好体育的、平衡与给人以鼓舞的男人一定数量的品质，而人们可以逐一地将这些品质与近些年来万宝路香烟公司在其广告上重复和普及的牧场守护人的典范形象相比较。

114

至此，我们已经观察了通过再现由社会文化决定了的事物或事物局部（包括广告）所引起的联想过程。

模特的姿态

还要加进去对于**姿势**的解释。实际上，形象性再现经常在人物之间建立关系，这样，对于讯息的解释的一部分就由台前设计来决定，而这种设计本身采用的也是文化编码的姿势。人物之间的安排，可以参照社会习惯来解释（亲密的关系，社会的关系，公共的关系等①）。但是，这种解释也可以比照观者来进行。

实际上，传统的交替做法，就是要么采用模特正面，要么采用其侧面。他们要么看着观者，要么就不看。乔治·佩尼努指出，在广告方面，观者的进入在这样或那样的情况里是非常不同的。② 要么，人物与观者"目光相对"，从而赋予观者与人物具有建立在"我"

① 距离学说依据文化来研究人与人之间空间的管理的意指：参阅爱德华·哈尔（Edward Hall）所著《被掩盖的维度》，"Point"丛书，门槛出版社，1971 年。

② 参阅乔治·佩尼努上述文章，并参阅皮埃尔·弗莱斯诺—德吕埃勒的文章，见《图像的说服力》，PUF 出版社，1993 年。在电影和电视上，看与不看观众，具有特殊的含义，这在其他地方已经得到了研究。参阅埃利叟·维隆（Eliseo Veron）的话"他在那里，我看见他了，他就对我说话"，见文章《陈述与电影》，《交流》杂志，N°38，门槛出版社，1983 年；或者参阅弗朗西斯科·卡塞蒂的著述《从一个目光到另一个目光》（法文译本），PUL 出版社，1990 年。

与"你"基础上的个人间的关系；要么，人物将目光转过去，从而赋予观者观看建立在第三人称"他"的基础上的一次演出的感觉。这样一来，所要求的进入方式也有区别：在"面对面"的情况里，想要的是对话和对命令的答复；而在"演出"的情况里，想要的是对模特品质的模仿与获得。

在我们的例子里，关于模特的姿势，可以看出两点：第一点当然是看不到模特的面孔，第二点是胳膊和手所提示的东西。

我们不仅看不到模特的面孔，而且取景中根本就没有头部。人物的面孔在观者的"期待境域"中通常是主要的（关键性的?），这种斩去头部的挑衅性做法，虽然恰恰因为是与广告观众的"期待境域"过分断裂而不可以承受，但还是在此被多种互补效果所减弱了。

借助于没有边框而建立一种景外之物所带来的刺激，促使观者去想象那没有的面孔，就像去想象身体的其余部分、坐骑和景致。目光向胸部和受到保护的圆圆的胳膊肘集中，掩盖了观察身体各部分的感觉，而有利于感觉所得庇护和鼓舞。最后，没有明确的肖像，使每个人可以根据自己的选择赋予模特一些轮廓，其中包括他们自己的轮廓。

不过，面孔的不出现，却表明了这幅广告的主要修辞格：省略修辞格。正是这种修辞格建立了讯息的不明显的论述方式。我们看到，造型讯息是通过一种对立系统来支撑

116

的，那些对立借助于对整个讯息的读解而汇集在一起，赋予了讯息一种整体性和普遍化的特征。

省略，尽管是比对立结合更为普遍使用的一个修辞格，但它也许仍然更有力量，因为它是在未说、未听到方面起作用。这样，它的运用就更为灵活：它可以不通过明显的肯定去阐述一个论据，而是利用读者或观者的知识将论据安排成空缺，从而在熟悉情况的人们之间创造一种共谋感觉。

然而在此，观者的潜在知识的调动，不仅仅在于促使观者去重新构筑一幅不存在的面孔，而且也是赋予他以及赋予整个人物另一个不出现的人物即万宝路牧场守护人的轮廓。通过一系列广告转让，万宝路商标已将其偶像式的牧场守护人从香烟移用到了火柴和打火机，而后又从这些产品移用到了服装上。这种移用，由于是与万宝路产品的多样化相一致的，所以并不影响人们对于万宝路香烟商标的承认。这种不言而明的承认，除了引起一种涵盖感觉之外，还会面对一种新式的可以逍遥法外却不会受到惩罚的违法行为而产生默契的快感：什么都没有说，什么都没有谈论，什么都不需要说。

在此，省略还有另外一种功能，那就是它赋予广告一种时间上的保留，这种功能暗示给我们，广告提供给我们看的东西有前期和后期，而广告中则很少去"陈述"。实际上，空空的畜栏（牲畜被省略了）暗示我们，畜栏过去是满着的，以后还会再满，因此我们是处在转地放牧、出行、休栏之后、下一次休栏之前的过渡时刻。

肖像讯息概括

对肖像讯息的分析很好地说明了，对图案的解释是借助于暗指的方法来进行的，而暗指方法本身也是各种暗指成分所提供的：根据社会文化观念使用对象、场所或姿态，引用和自动参照（万宝路的牧场放牧人），修辞格（对立结合，省略）。我们看到，这种解释，由于取决于观者的知识因此会有所变化，所以它会趋向于或多或少不同的意指，并在对与图像的词语描述相一致的图案的纯粹辨认方面突出显示出来。

在此，各种成分都在尽力使某种典范的、男性的、平衡的、冒险的、自然的、热与安详的、对于各种成分的安稳控制的观念，与万宝路的牧场放牧人和任何其他想获得其品质的人都可能穿的某种形式的服装联系在一起。

2. 4 语言学讯息

所有的人都认为，在对于"图像"的整体解释之中，语言学讯息是决定性的，因为图像特别具有多意性的特点，也就是说，图像可以产生多种不同的意指，而语言学讯息应该给予梳理。

我们不去介绍围绕着"图像的多意性"① 而进行的争论历史，也不去谈其理论所涉及的方方面面，我们下面只想重提一些我们认为是主要的内容。我们只是简单地说，图像是

---

① 参阅马蒂娜·乔丽就此主题所做的重述，见《图像与符号》。

多意性的，这首先是因为它载有数量众多的信息，就像一个具有一定长度的陈述那样。我们已经看到，对于一幅图像进行描述，即便是像我们这样相对简单的描述，都要求构筑一个相对长和复杂的陈述，而这种陈述本身也带有多种信息，因而也是多意性的。至于对图像的解释，确实，它可以是多方向的，这要看它是否与语言学讯息有关系，而在与语言学讯息有关系的情况下，还要看这一讯息满足观者期待的方式。这里，我们一眼就看到的商标名称，它无任何惊人之处，但引导着对于广告的读解。相反，如果直接感受的文本比如说"巴黎，1912"，那么，惊异效果显然会得到加强，而解释也就不会太紧张。

除此之外，我们想到，罗兰·巴特①在区分出广告图像中多种讯息的同时，在分析时曾单独谈到了"语言学讯息"，为的是随后研究这种讯息与图像所保持的关系和它如何指导读解。在他看来，有两种重要的修辞格：与图像相比，文本或者具有锚固功能，或者具有接续功能。

　　锚固功能，在于停止图像必然的多意性所产生的"意义的浮动链条"，同时指出"好的读解层次"，指出在图像可能要求的多种解释中更倾向于哪一种。报刊杂志每天都提供语言学讯息的这种锚固功能的多种范例，人们也称之为图像的"题名"。在有关贝鲁特受伤的那

---

① 罗兰·巴特符号学观点参见其专著《艺术》。

些法国年轻士兵的照片下面，很容易看到这些文字（根据刊登照片的周刊的不同而有别）："年轻的法国人在牺牲"或"缓慢地死亡……"

接续功能，在当语言学讯息补充图像的表达空当、承担起接续作用的时候，它就表现出来。实际上，尽管真正的视觉讯息具有丰富的表达和传播能力（我们所做的如此长的分析证实了这一点），但是有些东西在不求助于词语的时候，还是表达不出来。

因此，对场所和发生的时间，对延续的时间，对人物的思想或言语，都要有明确的介绍。这样人们就需要求助于技巧，例如那些用于场所的典范图像（艾菲尔铁塔＝巴黎，大本钟＝伦敦，帝国大厦＝纽约），或是使用标语牌、日历、挂钟等来明确时间。至于"在那一段时间之中"、"一个星期之后"等，连环画很早以来就让我们习惯于这种表明时间长短、同时性或提前、"未来"的接续式写作了。

语言学讯息本身在此也分成三种讯息：一种是"题名"，"冬天临近了，我们的销售网点也如此"；一种是地点名单。还有一种就是"Malboro Classics"商标和一个文字说明（Fits the man）及其法文译文。但在分析这些语言学讯息的内容之前，我们还是要在它们的造型特征方面花点时间。

"词语的图像"

实际上，这些讯息在内容上的差别，首先从它们在纸面上的排版、颜色和安排就可以看出。它们之间的等级差别则由所在的高度和字母的大小来指明：在高处和字体粗大用于商标，大写、细条字母用于图像题名，小写细条字母用于地址。这种排版上的等级差别，并不与读解的方向一致，因为，如果按照垂直下降的拼版做法，这种方向就是从中体字到小体字，最后以大体字结束。实际上，商标字体的粗细和大小所组成的视觉提醒，首先引起从下至上的清扫，然后是从上至下，使目光按照逻辑顺序从粗大到中间再到小，以便再一次落到粗大字体上。这种明显的重复方式经常在广告图像中使用，在这里是通过组织目光的浏览来形成的，这种目光是从一个点出发，然后再回到这一点上。

排版的选择，作为造型性选择，也具有其重要性。当然，这些词语都具有直接可理解的意指，但是，这种意指甚至在被感受到之前就被排版的造型性（它的方向性、形式、颜色、画面光滑情况）所装饰、所指引，以便使造型选择服务于视觉图像的意指。

在这里，在白底色之上选用黑色，引起了多种形式的解释联想。这是香烟的很知名的商标颜色。这种颜色不去与红色和白色（就像在香烟盒上那样）结合，在此是与棕色、灰色和白色相结合，这就构成了商标的一种视觉倾斜，而这种倾斜正与产品的颜色相一致。但是在此，使用暗含颜色也加添了它的意指：使用的是棕色，而不是强烈的红色。人们一直待在热颜色之中，但它却是一种减弱了的、更接近土色、更为"自然的"热色变体。这是一种色调的变化，它也将用于产品本身。

至于字体的选用，它并没有重新采用香烟商标的字体；但它也不是中性的：是瘦体和加粗字体在让我们想到经典概念。

字体的传统分类①，区分出三种主要形式的加粗字体：三角形加粗、丝状加粗和矩形加粗，这是相对无加粗字体而言的。无加粗字体被认为是"近现代"② 字体。因此，字体的选择在讯息的暗含内容中是非常重要的。这样，选择三角形加粗字体，就是暗含着让人们参照 19 世纪报业的发展。于是，我们看到，这种与牧场放牧人的形象相联的暗示，是怎样让人想到"西部"排版人的典范世界，想到征服、冒险和进步观念。

语言学内容

最后，我们来谈广告题名"冬天临近了，我们的销售网点也如此"的内容和它与广告的其他部分以及与其出现背景的关系。实际上，人们都会想到这幅广告出现在 10 月份的一期周刊上，对于当时的读者来讲，还差一段时间才入冬。

我们看到，这种题名承担着锚固和接续两种功能。在其

---

① 蒂博多的分类始于 1914 年，沃克斯的分类始于 20 世纪 60 年代，也存在其他更近一些时间的分类。

② 我们会想到例如博豪斯（"Bauhaus"：于 1919 年在德国威玛成立的工业美学教学中心——译注）的排版。

将冬天、寒冷季节、雪天指定作为我们所观察的照片成分中优先读解层次的情况下，它就是锚固功能的。讯息的其余成分则是接续功能的。要说呢，一个季节或其他什么东西在时间里的临近在视觉上是无法再现的，同样，时间的临近、冬天的无际与商店的临近之间的关系也是无法在视觉上再现的。接续还可以存在于"我们的"之中：面对着一个暗含的"您"而建立的"我们"，是视觉上可以再现的事情，但在这里却由于没有面孔和目光而变得不可能了。于是，语言便来负责这种人物之间的包含事情。同样，"销售网点"也提供了一种信息，而人们则不愿意为了其他缺少功能但却充满想象的暗指而在视觉上再现它。最后，在相比概念在视觉上是可再现的，因而相等概念就更为有效的情况下，"也"字则是非常好的词语接续。

最后，句子的组合是很有意义的，因为它使用了省略这个修辞格的一种变体形式：承上省略，这种修辞格在于在一个分句里暗示有一个或多个在前面的分句里使用过的词语。从语法关系上讲，这句话应该是"冬天临近了，我们的销售网点也临近了"。这种修辞格，极大地简化了句子，其作用尤其是用一个分句来影响另一个分句，从而将第一个分句中的季节和时间品质转移到了第二个分句上，也因此引起了"冬天"与"销售网点"之间、时间的临近与地理上的临近之间的联想与同化。因此，它具有与我们在上面谈到省略方法和与之有联系的蕴涵方法时曾经指出过的视觉对立结合修辞格相似的和谐作用。

至于地址的词语堆积和视觉上的分散效果，它们给人的

感觉当然是 "Marlboro Classics" 公司到处都有。商标的这种普遍性，还被美式英语（"fits the man"）的使用所指明，而定冠词"the"也有普遍性之意：也就是说指整个人类。

综述

　　对这幅广告所构筑的暗含讯息进行综述是很容易的，而且我们留给读者当做练习去做，读者去做时，要重新考虑前面每一个过渡性的综述成分。而我们则只想对这种方法及其结果做几点说明。

结论

　　通过这个分析例子，我们希望指出的是，视觉讯息的整体意指在何种程度上是借助于各种工具、各种类型的符号的相互作用来构筑的：造型符号、肖像符号、语言学符号。我们还想指出，对于这些类型的符号的解释取决于观众的文化与社会文化的知识，因为在观众的大脑里要进行一系列的联想工作。

　　显然，这种联想性工作可以做，也可以不做，或者只是部分地去做。分析工作（"普通"读者不会去做），恰恰在于最大数量地标记那些外力活动，这就要考虑到视觉讯息的背景和目的，就像要考虑观众的期待境域一样。因此，这种分析可以让我们看出最为深在、最为集体的解释，而不需要为此阐述个人解释的整体性或多样性。

　　我们还希望我们已经阐明了造型讯息的重要性，因为这种讯息涉及"图像"或词语文本。实际上，人们经常认为自己"理解了"一幅图像，因为人们在其中认出了一定数量的图案，并且理解其语言学讯息。对这样一幅简单的广告的分析指出，其大部分基础性概念，就是造型符号的所指和肖像符号的所指：热、鼓舞、情欲、动力、平衡、冒险、普遍性、进步，这些概念没有出现在肖像讯息之中，也没有出现在语言学讯息之中。这些概念还被一些视觉性和词语性的修辞格所支持，这些修辞格在此依据论证的意义、蕴涵的意义和默契的意义充当一种修辞学的作用。修辞学除了要说服人之外，在此还依据纯粹的古典传统寻求"使人高兴和感动人"。

由于广告讯息的功能主要是意图性的，也就是说是针对接收者的，所以，在作品中找出造型性蕴涵方式是合乎逻辑的，例如画面组成、拼版或修辞学排版方式（如省略）和语言学排版方式（我们/您）。

最后，由于要说明分析所需要的一些理论和方法，所以这种分析比较长。但它似乎符合一条谚语所说的意思："一幅好的草图，强于一个长长的报告。"因此，恰恰就在对图像与词语之间通常是争论不休的关系上，我们愿意结束我们的这部著述。

第四章　图像与词语

　　"词语与图像，就像是椅子与桌子：如果您想吃饭，就得需要这两者。"① 在我们看来，高达尔最近有关图像与词语的这番"言辞"是很有道理的，因为高达尔在承认每一种言语活动（图像的言语活动和词语的言语活动）都有其特定性的同时，指出它们还相互补充，它们都相互需要，以便运行和有效。

　　作为一位"图像研究人"，他的这番话是让人感到新鲜的，因为图像与言语活动之间的关系，通常要么是进行排他性研究，要么是进行相互作用研究，而很少进行互补性研究。我们则是强调互补性方面。

---

① 让—吕克·高达尔（Jean-Luc Godard）：《让—吕克如此说，一位词语爱好者的讲话片断》，*Télérama* 杂志，N°2278，1993 年 9 月 8 日。

126

1. 某些偏见

1.1 排他/相互作用

我们不去对在其他地方①提到的这两种类型的关系做详细的介绍，而只是简单地提一提"图像泛滥"即"图像文明"之说所引起的恐惧的不正确性，因为这些说法带来了"书写文明"即词语言语活动之文明的整体消失。

实际上，认为图像排斥词语言语活动是错误的，首先因为词语言语活动几乎总是以书写的或口语的评述形式、以题目、题名、报刊文章、印章、剧本中的解说辞②、标语、闲谈直至无限的形式来陪伴着图像。在一个家庭里，人们靠什么来知道作为"图像之箱"的电视机是开着的呢？靠它不停的闲谈，这在电台的情况里更为突出，因为在电台里，音乐占据很大位置。至于那些无文本的固定图像，它们与人的期待断裂，以至于陪伴它们的题名成了"无题名的"，或"无言语的"，甚至是"无题目的"……

1.2 真实/虚假

词语言语活动不仅到处都出现，而且是它来确定我们从

---

① 参阅马蒂娜·乔丽所著《图像与符号》一书，同上。

② 这些简短的说明文字点缀了剧目的文本："他进去了，他出来了"等。通过类比，人们把以下面的语序组成的固定图像中的叙事称为"接续"叙事："下个月"或"在同一个时间"等。

一个视觉讯息所得到的感觉是"真实"还是"虚假"。

一幅图像被判定为"真实的"或是"虚假的",并不在于它所再现的东西,而在于它再现的东西对我们所说的内容或所写的内容。如果我们接受对图像的评述与图像之间的关系是真实的,那么,我们就判定图像是真实的;如果我们不接受这种关系,那么图像就是虚假的。这再一次取决于观众的期待,这就又将我们带到了前面提到过的相像问题上来了。我们当然可以驾御与这些期待相比所出现的所有可能的差距。但是,这些差距依据交流的前后情况都将或多或少得到接受。

画家瓦罗东①有一幅强烈而动人的作品,他画的是一个男人与一个女人在一个有钱人家的沙龙的阴暗角落里热烈拥抱的情景,他给予这幅画的题目是《谎言》,而不是罗丹赋予他的最著名的作品之一的那个名称:《亲吻》。然而,人们接受提出的解释,因为这是绘画,因此就是表达,而不是信息。

相反,当在电视上出现了人们称之为蒂米索拉尸体坑的罗马尼亚尸体坑,后来人们了解到尸体坑并非蒂米索拉的尸体坑,于是这种差距就不可接受了,因为不符合信息的道义论。我们清楚,问题完全是由词语言语活动与图像之间的关系造成的,而不是图像一方造成的:如果我们只是看到了尸

---

① 1865—1925:"纳比斯"(按照以色列语,是"先哲"之意)团体成员,热心于以各种形式对艺术重新进行思考。巴黎的"大皇宫"于1993年曾汇集了他的大部分作品。

体坑的图像，那我们就只能是看到了尸体坑的图像，这就是问题所在。不论它是间接的还是"艺术性的"，一幅图像"既不是真实的，也不是虚假的"，埃奈斯特·贡布里齐①在谈到绘画时就这样说过。这就是图像/文本二者关系形式与观众期待之间的相宜性或不相宜性，而正是这一情况赋予作品真实性或虚假性。

2. 相互作用和互补性

正像罗兰·巴特所定义的那样②，锚固描述图像与文本之间的一种相互作用形式，在锚固之中，文本用来指出对于图像的"很好的读解层次"。实际上，这种形式的相互作用可以采用多种不同的形式，并且要对每一种情况进行分析。

仅就广告而言，我们可以找出不少图像/文本关系，它们使用所有形式的修辞格，而最通常的是属于游戏范畴的修辞格：

——悬念："今天，我脱掉上衣"，这句话的功能并不在于指这个文本所伴随的图像，而是在于指未来的（或需要想象的）一幅图像，即那同一位年轻的姑娘将脱掉上衣的图像；这一方法曾经被用于一幅啤酒广告，词语是"为了它，我献出我的衬衣"，这是让人等待着这个神秘的"它"的视觉再现；

---

① 埃奈斯特·贡布里齐，同上。
② 罗兰·巴特，同上。

——影射：在著名的"谢谢谁？"一语中，不仅伴有产品的省略，而且伴有某种商标的省略；在另外一个领域，我们都还记得，玛格丽特在一幅烟斗的绘画下面注上的"这并不是一只烟斗"这句著名的话所带来的讽刺；

——对位法：经常在报刊上使用，当一个文本围绕着一幅象征性图像而提供一定数量的信息时候，就采用这种方式，例如"马斯特里赫特条约①的发展"这一文本，就位于弗朗苏瓦·密特朗的肖像下面并与欧盟旗帜放在一起。米歇尔·施勇②指出过，对位法还广泛在电视上使用。实际上，图像与文本之间相互作用的变化形式，与已经得到广泛研究的"视听领域"的图像与言语③之间相互作用的变化形式一样众多。

至于我们，我们所愿意强调的，是图像与文本之间的互补性，这是比我们上面已经描述过的更为广泛的一种相互作用形式。

2.1 接 续

接续的功能，正像罗兰·巴特所确定的那样，是图像与词语之间的一种互补形式，它在于说出图像难以指出的

---

① 马斯特里赫特：荷兰的一座城市，1992年2月7日欧盟成员国在此签订了《马斯特里赫特条约》，条约尤其提出发行欧盟统一货币。法国于1992年9月20日举行全民公决，以51.05%的微弱多数通过了这一条约。——译注

② 米歇尔·施勇（Michel Chion）：《视听》，纳当出版社，1990年。

③ 参阅米歇尔·施勇的著述《电影的声音》，星光出版社，1982年；或是其《被找到的画布》，星光出版社，1988年。

内容。

　　因此，固定图像中难以再现的东西，有时间性和因果性。实际上，透视再现的主导性传统偏重于空间的再现，而不考虑时间的再现。我们所习惯破译的，是空间中的近与远。我们接受视觉荧屏的存在，接受高山，接受帷幕，因为它们以其假设的靠近而为我们挡住了它们后面的东西。这就迫使固定图像放弃对时间的再现，而只能进行即时的再现。在一幅图像中叙述一个故事是不可能的，而（固定的或连环的）语序性图像就自有条件以其时间和因果关系来建立叙事。摄影小说、连环画、影片都可以讲述故事，而单一的固定图像则不能。

　　我们已经看到，绘画上立体主义运动的一个考虑之一，恰恰就是在打碎透视再现的枷锁的同时引入一种新的时空关系，并为时间性的表达寻找视觉等值物。但是，在大多数情况下，是语言来接续固定图像在表达时间与因果关系方面的无能为力。词语将补充图像。

2.2 象　征

　　一幅图像的词语补充可以不仅仅是这种形式的接续。它在于为图像提供一个由图像产生但非其固有的意指。这便是一种解释，这种解释超越图像，它调动词语、调动思想、调动内在的话语，它从作为载体的图像出发但又同时脱离图像。

　　词语的这种"补充内容"，可以存在，也可以保留其"空文"状态。这种情况用于尽力表达抽象概念的象征性图像和习惯性图像。爱情、美丽、自由、和平等，有那么多该求助于象征，因此也就是求助于读者的良好的解释愿望。因为，象征（与隐喻相反）的特性，是它可以不被解释。我们可以将鸽子的图像理解为"和平"的图像，我们也可以只将其看做是一只鸽子的图像。因此，图像可以求助于偶然性的词语补充，但这种补充并不影响图像继续这样存在。

这类互补的一个例子，在人们称之为"万物虚空画"的绘画史中感受尤为强烈。再现的象征和习惯力量很少有这么强烈。然而，由于这些绘画虽然是极度象征性的但却又是非常现实主义的，所以这种现象就更为有意思。静物、狩猎凯旋而归、田野采集的花束、水果与蔬菜垒成的金字塔，这些绘画借助于绘画的几乎是幻觉性的现实主义手法强迫你欣赏，通常直至欺骗眼睛：一颗钉子、一只苍蝇、一短绳头，就待在边框里，它们要人们用手拿走或拿起。面对着布匹和裘皮，面对着水井和粉红葡萄酒酒滴，我们就像泽西斯绘画中被欺骗的著名的群鸟一样，准备好去拿这些水果，去闻这些花，去品尝这些带有覆盆子颜色的葡萄酒。然而，尽管它们引起这样的惊人之美，我们却无法再像 15 和 16 世纪那样去解读它们。弗拉芒地区的这种再现"静物"的世俗绘画，接替了此前的宗教绘画，其作用是引导观众去对生与死、好与坏、短暂与永久作心灵和宗教的沉思。绘画的每一个图案都有一种第二级和编码很强的意指，以至于当时的观众解读一幅绘画就像解读"一本打开的书"：苍蝇或血滴意味着坏与死亡，山鹑意味着大吃大喝，展翅的鹭和天鹅意味着基督在十字架上。① 这种绘画和这种编码了的读解，几个世纪以来已逐渐地失去了它们的意指，而只变成了进行更为造型性研究的图案和主题。

不过，这个例子对于我们来说显得非常珍贵，因为它指出"相似性"（人们总是认为它代表了绘画或一般所说的图像的最终目的）在何种程度上可以具有一种超越它并为了完全地存在而求助于言语活动的功能。

2.3 图像/想象之物

图像与词语之间的互补性，也存在于它们相互依存这一事实里。根本不需要图像与文本的共存来使这种现象存在。图像引起词语表达，而词语则在一种无限的运动中引起图像。

图像滋生图像：因此，我们看到有些影片讲述绘画或照片的故事。广告本身充满了对其他图像、其他广告、艺术作品、电视图像、科学图像等的引用。电视也再现其本身之外的其他图像，绘画、合成图像、照片：这些重提、引用、经常的挪用，使人们想到媒体图像不再指任何真实，而是指其自身，媒体图像组成独立参照的世界。

但是，还有词语，词语在向我们证实，图像在何种程度上可以滋生想象。图像、图像故事或艺术作品故事，通常是

---

① 参阅贝尔娜戴特·德·布瓦松（Bernadette de Boysson）和奥里维埃·勒·比汉（Olivier Le Bihan）创作的《狩猎凯旋而归》，波尔多艺术博物馆珍藏，William Blake and Co. 公司出版，1991 年。在这幅绘画里，我们可以看到从 17 世纪到 19 世纪这种特殊的"万物虚空画"绘画的演变。

利用它们和将其搬上银幕的文学虚构的有效的启动器。《〈格拉底瓦·德·冉森〉中的狂热与梦》①、《伊尔的维纳斯》②、《多里扬·格莱的肖像》③，我们只举它们为例，它们都是很有说服力并充满"魅力"的著名文本例子，其情节的出发点都是一尊浅浮雕、一尊塑像、一幅画：它们都是图像。我们还要提到，直到 17 世纪，"魅力"一词的意思还是"奇妙的表述"或"奇妙的歌声"，这些意思都会强烈地产生吸引力和幻觉……

摄影图像有利于这种机制，我们在影片中和小说里经常看到照片故事。这绝不是偶然，而是说明了摄影图像的特殊重要性。

借助于一个明确的例证，对由照片所引起的词语的分析会告诉我们，理论是怎样帮助我们理解照片以及其他图像可以滋生梦幻和虚构的原因的。

2.4　关于一幅照片

要谈的是安多尼奥·塔布齐的小说《地平线》里的一个片段，在这个片段中，主要人物斯皮诺试图凭借他从死者公文包里拿到的一张照片来辨认死者的身份：

在他家里，他将设备安装在了厨房里，他在厨房里

---

① 弗洛伊德（Sigmund Freud）。
② 梅里美（Prosper Mérimée）。
③ 奥斯卡·王尔德（Oscar Wilde）。

可以更多地舒适地工作，这比充当他卧室的小黑屋强多了。下午，他去买了显影液，并在一家大商场的花园用品货架上买了一个塑料盆。他把纸铺在桌子上，最大限度地提高了放大机的镜头。于是，他得到了一个 30×40 厘米大小的光亮矩形。他把由他信任的一位摄影师通过接触印照重新复制的底片嵌入了镜头。

他洗印一张完整的照片，因而让放大机多亮几分钟的灯，这是必要的，因为接触印照是需要过度曝光的。在显影盆里，照片的周围慢慢地显露，就像一个远处的、不可逆转的现实迟疑着被激活一样，就像它拒绝被外来的、不经心的眼睛所亵渎那样，就像它拒绝在不再是它自己的一个背景中被唤醒一样。他理解，这一大家子拒绝在一个异地和不再是他们自己的一个时代为满足一个外来人的好奇心而重新显现在图像的舞台上。他也理解，他是在展示一些幽灵，他是在借助于他不了解的化学上的人为做法，来尽力从他们身上强行建立一种胁迫下的共谋联系即一种模糊的牵连方式，对于这一点，他们作为无辜的受害者，已通过这种临时交由一位旧日的摄影师精心安排的姿态表示了赞同。快速照相的效果简直令人怀疑！他们在笑。而现在，这种笑就冲着他，而不管他们愿意与否。他们生命中仅有的一个时刻的内情现在属于了他，并且是按照当时的时间和总是与其自身相等地显示着；他可以从容不迫地观看，但照片此时还讨厌地被挂在厨房的一条绳子上。一道由放大机过分放大的划痕，破坏了身体轮廓和风景。会不会是不经意的指甲划痕，或是东西本身的不可避免的磨损，或是过去与这些面孔同在一个口袋、一个抽屉的某个物件——比如钥匙、手表、打火机——留下的痕迹呢？不管它是什么，这个过去时眼下存在于另一个现在时之中，它就得服从审视。那是郊外一栋不起眼的房子的阳台间，台阶是石头的，一种攀缘植物拖着瘦弱的身躯缠绕在过梁上，开着苍白的铃铛花；应该是夏天：他猜想到光线是耀眼的，人们的穿着单薄。那个男人带着惊异但同时也是麻木的神情。他穿着一件白色的衬衣，袖子是卷上去的；他坐在一张大理石的独脚小圆桌后面，一只大玻璃水瓶，一份对折的报纸就放在水瓶与他自己之间。他肯定是在读报，而临时找来的摄影师想必是让他抬起头来。母亲刚刚跨过门槛，她是在不自知的情况下进入照片的。她面庞消瘦，身上穿着印有花卉的围裙。她还不老，但似乎青春已逝。两个孩子坐在台阶上，但他们之间距离很远，就好像他们相互不相识一样。小女孩有两条辫子被太阳光照射着，她戴着带有圆圆的赛璐璐矫正眼镜，穿着小木鞋，怀里抱着一个布娃娃。那个小男孩穿着便鞋和短裤。他的两个胳膊肘放在膝盖上，两只手托着下巴。他有着圆圆的面庞、微卷的头发，膝盖是脏脏的。裤子的一个口袋上露出了一个弹弓子的两个叉。

他朝前看着，但目光偏离镜头，就像他在用眼睛注意有无其他人出现或其他不知事件的发生一样。他的目光稍微向上，这从他的瞳孔可以清楚地看出。也许，他在看云或是看一棵树。在右侧的角落里，地面紧接着一条铺石小道，上面覆盖着阳台的阴影，可以模糊地看到有一条狗正蜷曲在那里。摄影师没有注意到狗的存在，而是偶然地把它摄入了镜头，因此狗的头没有在画面内。那是一条黑花小狗，像是一条食狐狗，也许就是一条杂种狗。

在这种让他看到一些未见过的面孔的平庸的快速照片里，有某种东西使他不安；有某种东西似乎在拒绝他的破释：一种神秘的符号，即一个表面上无意义但他却猜想具有关键的重要性的成分。最后，他由于被一个细节所吸引而靠近照片。那个男人面前对折的报纸上有一个字，透过水瓶而有所变形地显示了出来：sur（"在……之上"——译注）。他立即振奋起来，口里说着阿根廷，我们现在是在阿根廷，为什么我要激动呢？阿根廷在这里起什么作用呢？但是现在，他明白了男孩子的眼睛在看什么了。在摄影师的后面，有一栋主人的粉红和白色相间的别墅，周围是绿地。男孩子正在看带百叶窗的窗子，因为百叶窗可以缓慢地打开，于是……

于是什么？为什么他要编造这个故事呢？他是否正在想象什么并将其变成一种记忆呢？但在现在这一明确

的时刻，一个真实的而在内心深处有别的孩子的声音在呼喊：

"比斯归一！比斯归一！"这是一条狗的名字，它只能是这样。

安托尼奥·塔布齐：《地平线》，法文译本，作者自译

克里蒂安·布尔乔亚出版社，1988 年。

就像安东尼奥尼①在其电影《起风了》（*Blow up*）中一样，塔布齐借介绍一幅照片之机，非常复杂地提出了一幅摄影图像与其他图像（素描，绘画，雕塑，甚至合成图像）相比所具有的特殊性，而尤其是摄影图像与现实的关系的问题。在《起风了》这部电影中，一位年轻的摄影师津津乐道于拍摄公园里的恋人，随后挨了打，因为人们向他索要胶卷。摄影师为了寻找原因，便极大地放大他在公园里拍下的照片，他有两个惊奇的发现（令人惊讶和补充性内容）：他在树丛中瞥见了一具尸体。他重新回到那个地方，确实看到了一具尸体；他跑着去找一位朋友前来作证，但返回原地时，既没有任何东西，也没有任何人了。由此开始了整部电影后续的内容，那便是对摄影师所记事情进行调查：是不是一种幻觉呢？什么可看做是真实的呢？我们对于事物和事物的图像都知道些什么呢？

在我们的例子里，斯皮诺在寻找一些迹象，这些迹象可

---

① 安东尼奥尼（Michelangelo Antonioni, 1912—　），意大利著名电影导演。——译注

以给他提供有关死者的情况，给他提供有关这个人的情况（以增加对其了解），证实其身份，一句话，就是为其揭示某种东西，以便引导他的调查接近于真实。

为什么围绕着照片要提这么多问题而且是根本性的问题（知情，知道，真实情况）呢？电影导演、作家，为什么要表现照片所吸引的那些人物呢？在这样审视的时候，他们（我们）有什么不安，有什么快乐呢？简言之，照片又有什么魅力呢？塔布齐的文本对于这些问题可以提供一定数量的回答。

实际上，这个文本包含着可以证实理论思考（这一次是有关摄影的理论思考）的所有观察。于是，罗兰·巴特在《转绘仪》一书中，为了尽力透析其"秘密"，他在前言中提出了几个方面的看法，这些看法虽然显而易见，但对于分析却是非常有用的：他首先区分了摄影关系到的各种实践活动，这些活动有三种："做"，它关系到操作者；"看"，它关系到观众；"承受"，它关系到幽灵。

这三种实践（人们可以交替进行），以其全部的蕴涵在塔布齐的文本中都有表现。

首先是"做"，它在文中有两种表现：拍摄一幅照片和冲洗这幅照片。拍摄照片是通过这些话来提及的："临时交由一位旧日的摄影师精心安排的姿态"……"他们在笑。而现在，这种笑就冲着他"（还要加上冲着摄影师），"仅有的一个时刻的内情"（即"快速拍照"的那一时刻），或者后面的文字中还有：小男孩的"目光偏离镜头"……这些内容指出的东西构成了"摄影契约"① 首要的基础之一，即这种行为必须是一种相遇的结果，即进行摄影的人和被摄影的人共同存在的结果，而且这种相遇还是在一个仅有的和即时的时刻进行的。画家和素描家可以与他们的模特分离，花一定的时间精心绘画最后也是唯一的图像。至少在艺术创作的传统里，这是"唯一的"和"有特色的"产品。摄影师必须面对他的模特，图像自然是在快门闪动的时刻结束，按照卡蒂耶—布莱松的说法，这是"决定性的时刻"，但是与绘画或素描相反，这种唯一的图像是机械性地再生和无限地增繁的。这就提出了那些哲学家例如瓦尔泰·本亚明② 或艺术家如安迪·瓦浩尔曾经思考过的艺术作品的唯一性问题。

这种相遇的唯一性特点，也要求面对世界、面对事物、面对时间和空间有一种特定的态度。构成摄影行为的对于世界的机械性记录特点，具有两个主要的后果：首先，人们在照片一出现马上就将其看做对真实的一种完美复制，即完美的模仿（而忘记它的规约和建构成分，我们在后面会谈到），第二个后果，是看做证明，它可以被用来寻找某些人，甚至屠杀某些人（梯也尔就是依照被拍下的街垒照片来杀害那些可怜的巴黎公社社员的）。我们将在后面再谈到照片的证明特点，但显然，塔布齐的主人公在寻找中承认照片具有这两个特征，并且他依靠这两个特征来努力发现死者的某种

① 参阅菲力普·迪布瓦（Philippe Dubois）所著《摄影契约》，纳当出版社。摄影"拍摄"之后的冲洗，占据了菲力普·迪布瓦的大量研究工作。

② 瓦尔泰·本亚明（Walter Benjamin）：《技术再生纪元的艺术作品》，见其《全集》，德诺艾尔出版社，1971年。

东西。

另一方面，摄影相遇的唯一和即时特点，在拍摄的时刻，向摄影师提供一种捕猎者的特征，因为这时的摄影师在"抓捕"某个人或某个事物，就像他们是个猎物一样。

最后，由于相遇是唯一和即时的，那么，我们还可以说，就在照片被拍摄的片刻，物件或人都消失了。根据这种观点，摄影就与俄耳浦斯神话一致起来了：俄里蒂斯①就在俄耳浦斯转身看她的时候昏了过去。"死，是因为被看到了，因此，任何照片永远都是指向冥世的王国。"② 再往后，一旦冲洗照片，那照片所再现的东西就更早已消失。

但是，我们还是来仔细地看一看塔布齐对于照片的"做"的第二个特点，即图像被显示出来的冲洗特点吧。"显示"一词本身就告诉我们，我们是何等期待着一种"真实"。整整一段文字都是谈所谓的冲洗工作的，从"下午，他去买了显影液"，直到"接触印照是需要过度曝光的"，这段文字记录了为获得最后的图像而尤其是获得摄影的下游工作结果所进行的必要操作过程："显影液，塑料盆，纸，放大机镜头，曝光时间。"我们知道，所有这些过程都与在摄影的上游所进行一系列的选择和一系列操作相一致：选择主题、胶卷、焦距、拍照时间、光圈大小等，对于这些，塔布齐在他描述所得到的照片而尤其是那条小狗时都影射到

---

① 俄里蒂斯：是古希腊神话中善于弹奏竖琴的歌手俄耳浦斯的妻子。——译注

② 菲力普·迪布瓦：《摄影契约》。

了："摄影师没有注意到狗的存在，而是偶然地把它摄入了镜头，因此狗的头没有在画面内。"所有这些选择和操作都证实，人们是在构筑一幅照片，因此也是构筑它的意指。如果被拍照的东西是不可否认的（我拍照的东西必然曾经在我的面前。我们不谈那些特技照片），那么相反，照片所意味的东西即它的意义，就是借助于这些参数完全是靠规约性和文化性的方式来构筑的。同一个人的照片，在自动照洗的照片上、在家庭照片上、在时装模特照片上、在一张新闻报道的照片上或在"艺术"照片上，并不意味着同样的东西。因此可以说，在菲力普·迪布瓦看来①，虽然一幅照片可以被看做是一种"存在证据"，但它并不能因此而被看做是一种"意义证据"。这就使得我们上面谈到的证明特点严格地相对化了，然而这并不妨碍人们就这样去使用，例如在劫持人质的悲剧性情况里。

但是，在小说的这一时刻，斯皮诺并不仅仅是操作者，他还是观众，他在看，他甚至仔细观察这幅照片。这时，他脑子里想到，他注视这个"大家庭"，首先是因为它是一个"远处的现实"，它"重新显现"，"而现在，这种笑就冲着他"，"他们的生命按照当时的时间和总是与其自身相等地显示着；他可以从容不迫地观看"。换句话说，他在照片的出现与照片所再现的东西的不出现之间作了区分，这是一种关于时间特别是关于过去时的思考。然而，恰恰是在思考人们凝神于某些照片时那吸引人的东西是什么的时候，罗兰·巴

---

① 菲力普·迪布瓦：《摄影契约》。

特找出了使照片成为区别于其他图像的一种基本图像的东西：是照片提供的现实与过去的双重结合——照片所再现的东西曾经在那里。这就是罗兰·巴特所说的曾经是的意思。说是现实，不仅仅是因为必须有我们上面谈到过的共同存在这一情况，而尤其是因为照片是它所再现的东西的痕迹本身：是对象所发射的光或被拍照的人在感化胶片，并使胶片上的硝酸银发生变化。

被拍照的主体借助于源自它的光线使胶片"感光"。图像存在着，是因为有着实际的比邻性，它是某一真实的过去之发射物。这是一种真正的魔术。因此，谈到有帮助的相像性，人们自然把照片全部当做相像的，或者部分当做相像的，而且人们崇拜照片，就像对待情人的照片或已逝故人的照片那样。

另一方面，如果这个真实曾经存在，那是因为这个真实已不存在，而照片就变成了我们也要死去的符号。于是，另一个诱人的因素出现了，即照片与死亡之间联系的因素。照片是某个注定要不出现（在某一个异地，在一个不属于它的时代）的人的出现形式，而且这个人将永远不再是这个样子：拍一幅照片，便是"用防腐熏香保存"某个人，是"把这个人放在"纸上，是在徒劳地想"复活"一些"幽灵"，是使幽灵"永垂不朽"。罗兰·巴特告诉我们："使用照片，我们就进入了一种平淡的死亡。"这里"平淡的"一词具有双重的意思：平庸性和平面性。因此，在谈到照片的承受的时候，罗兰·巴特向我们谈的是幽灵：在我让人拍照的时候，我就变成了一个幽灵、一个影子。

这正是塔布齐在照片显影的时刻提到的摄影实践的最后一个方面：他为这"一大家子"而忍受，因为"照片的周围慢慢显露"，"迟疑着被激活"，拒绝再一次显现，是"一个外来人的好奇心"的"无辜受害者"。塔布齐赋予艰难地显影的图像人们在被拍照时所体验到的痛苦：罗兰·巴特告诉我们，在镜头面前，我是一个变成对象的主体，"我同时是我认为是的人，同时是我想让人们认为我所是的人，还是摄影师认为我所是的人和他所利用的人"。正是他人对于图像的这种不慎重的利用使塔布齐感到震惊。他赋予他的人物斯皮诺"借助于他不了解的化学上的人为做法，来尽力从他们身上强行建立一种胁迫下的共谋联系"的感觉，并使他在观察"这种生活讨厌地被挂在厨房的一条绳子上"时产生一种厌恶。

于是，我们看到，塔布齐在描述一幅照片的冲洗过程的看似平庸的场景时，借助于提及照片所引起的各种不同实践，而展示了照片的诱惑能力。所以，斯皮诺或是影片《起风了》的摄影师甚至我们自己，像罗兰·巴特那样"生活在幻觉中一样，只须仔细观看照片就可以重新发现照片后面的东西，甚至重新发现存在物的整体"，这丝毫不令人感到惊异。为了尽力了解，我们在观看照片时"是带着发现真实的强烈而徒劳的希望的"①。

我们也能很好地理解，为什么这种"强烈的"、幻觉式的照片尤其能够引发所有的想象的原因：斯皮诺甚至认为从

---

① 罗兰·巴特：《转绘仪》。

内心听到一个小孩子（是不是他自己呢?）呼唤照片上的小狗的声音："比斯归—，比斯归—……"

2.5 图像的能力

这差不多就是路易·马兰赋予其介绍对图像及其能力思考的最近一部著述①的题目。实际上，这位艺术理论家正是依据图像的能力来建议确定图像的："过问其效能、其潜在的和明显的力量"胜过研究其本身。"图像的本身，一句话，就是它的力量。"而这种力量，就存在于"几个世纪以来人们命名为文学"的文本之中，人们可以去读解，去分析。"图像贯穿文本并改变文本；文本由于被图像贯穿，所以也使图像发生变化。"②

这样，分析塔布齐的文本和他使照片所承受的处理，可以显示包含在痕迹、时间、死亡、相像性和规约之中的图像本质的细微和力量。循环性经常出现在图像之中，但是根据其载体、技巧或背景情况而在某个阶段上有所延迟。

图像改变文本，文本也改变图像。我们从图像所读解和所理解的内容，文学、报刊、信号系统使用图像和表现图像的方式，都必然决定我们下面要进行的探索。

---

①　路易·马兰（Louis Marin）：《图像的能力》，"诠释部分"，门槛出版社，1993年。

②　这时，路易·马兰分析的是拉·封丹、让—雅克·卢梭、狄德罗、夏尔·佩娄、高乃依、莎士比亚、帕斯卡、圣·让（Saint Jean）的《新约全书》、苏热（Suger）教士、乔治·瓦萨里（Giorgio Vasari）、尼采的文本。

2．6 "塞尚的风景"

这一行字，伴随着指明观看方向的一个箭头。这个内容，我们在普罗旺斯地区靠近圣—维克多山的高速公路边的信号牌上可以读到。如果我们在路过此地时回一回头，就会从远处看到这座山。

文本与图像之间的这种互补性，在此让我们感到晕眩：借助于词语，人们激励我们去观看风景，以便了解塞尚的绘画主题。我们在此目睹了图像读解的一种绝对的颠倒情况，因为我们过去一直认为图像的功能在于让人去看现实，而图像仅仅是一个替代即一种重新表现。在这里，是现实让人去看图像，现实变成了一幅图像的符号，而不是相反。

显然，这种词语的激励，是预先假定了旅行者知道塞尚是谁和他画了什么，尽管由于他匆忙而不能参观普罗旺斯地区（因为他在高速公路上）。对于事先不了解情况的人来说，塞尚可以是一个地点的名字，或是一位假设知名的土地主人的名字。于是，人们便想象旅行者在寻求理解人们想给他指出的东西时的恍惚和茫然的目光……人们还没有理解塞尚本人的建议："将自然处理成球形、圆柱形和锥形"，也没有理解这个建议所涉及和立体派画家后来严格遵守的目光的改变。

然而，尽管这个例子令人晕眩，它还是珍贵的。因为它表现了在日常生活中图像与文本间相互作用的最平庸的复杂性。实际上，它向我们证实，每个人都知道，我们既是由经验要求我们去参照的对图像的记忆所构成，也是由图像要求

146

我们去参照的对经验的记忆所构成。也许只有那些理论家们对此说还不那么满意。

我们在 20 世纪初期一个著名的文学例证《魔山》① 里已经指出，一场电影的演出、它和出现在小说中的其他图像和其他艺术（X 光照相术、绘画、摄影、素描、戏剧、音乐、文学）是怎样可以规定对于电影的一种批评性探索的。

因此，不管人们是否愿意，词语与图像是极力地相互接续的、相互作用的、相互补充的、相互说明的。图像与词语，远不是相互排斥，而是相互滋养和相得益彰的。我们冒着有悖众议的风险，我们可以说，我们越是研究图像，就越是爱词语。

---

① 马蒂娜·乔丽文章：《一场演出的生物学探视（托马·曼的〈魔山〉）》，见《晕眩》杂志，N°10，收入《观众的世纪》，1991 年。

结　　论

　　这项研究工作提供了不少内容，有兴趣的读者应该借助后面的参考书目和实践性练习加深对其了解。

　　不过，我们看到，"图像"远非一种当代的威胁性痼疾，而是一种表达和交流手段，它将我们与我们文化的最古老和最丰富的传统联系了起来。对图像的读解，哪怕是最为幼稚和最为日常性的，都会在我们身上维持一种记忆，这种记忆只要求是有些反应性的，以便成为一种自立工具，而不是被动性工具。我们已经看到，对图像的理解需要考虑交流的背景，需要考虑解释的历史性特点，就像考虑它的文化特征性一样。

　　我们希望指出了，对图像的解读（由于分析的努力而变得丰富），能够成为批评家所重视的一个时刻，因为批评家对图像所属的视觉再现的历史和它的相对性比较了解，所以可以依靠一种创造性的解释来透析图像的能量。

　　不管怎样，对图像有兴趣，也是对我们的历史、我们的神话、我们的不同类型的再现方式感兴趣。分析方法的丰富性不允许将图像简化为媒体图像或新的工艺技术：新的工艺技术仅仅是视觉符号的最新变化甚至是最后的变化，而视觉符号一直陪伴着我们，就像它们曾经陪伴着人类的历史一样。

参考书目

这个参考书目并不完全，但它提供了研究图像分析所需的阅读资料。

1. 词典、百科全书

《大百科全书》（*Encyclopédia universalis*）格雷玛斯与库尔泰（Greimas A. – J. Et Courté J.）合著：《符号学——言语活动理论的系统词典》（*Sémiotique—Dictionnaire raisonné de lathéorie du langage*），巴黎，阿歇特出版社，1979 年。

莫里耶（Morier H.）：《诗学与修辞学词典》（*Dictionnaire de poétique et de rhétorique*），巴黎，PUF 出版社，1981 年。

2. 集体著述

《固定图像：图像空间与话语时间》（*L'Image fixe：espace de l'image et temps du discours*），巴黎，法兰西资料社，1993 年。

《摄影新闻学》（*Le Photojournalisme*），巴黎，CFPJ 出版社，1990 年。

《建立摄影学》（*Pour la photographie*），卷一（1983）、卷二：《论虚构》（*De lafiction*）（1987）、卷三：《非摄影视觉》（*La vision nonphotographique*）（1990），巴黎，GERMS出版社。

3. 专题杂志

《交流》杂志（*Communication*）（巴黎，门槛出版社）：

N°4："符号学探索"（Recherches sémiologiques）（1964）

N°15："图像分析"（L'analyse des images）（1970）

N°16："修辞学研究"（Recherches rhétoriques）（1970）

N°17："广告的'神话'"（Les《mythes》de la publicité）（1971）

N°29："图像与文化"［Image（s）et culture（s）］（1979）

N°30："会话"（La conversation）（1979）

N°32："话语的行为"（Les actes du discours）（1980）

N°33："学习大众传媒"（Apprendre les médias）（1980）

N°34："形象化秩序"（Les ordres de la figuration）（1981）

N°48："录像"（Video）（1988）

《程度》杂志（*Degrés*）：符号学方向的综合性杂志（布鲁塞尔）：

N°15："肖像符号"（Le signe iconique）（1978）

N°28："接受之理论与实践"（Théorie et pratique de la

réception）（1981）

N°34："读解图像"（Lire l'image）（1983）

N°49/50："符号学的转向"（Virage de la sémiologie）（1987）

N°58："图像与大众媒体"（Images et médias）（1989）

N°60/61："城市张贴"（L'affiche urbaine）（1990）

N°69/70："图像中隐藏的图像"（L'image cachée dans l'image）（1992）

《埃多斯》杂志（*Eidos*），国际图像符号学简报（图尔市，拉伯雷大学出版社）

《新精神分析学》杂志（*Nouvelle revue de psychanalyse*）巴黎，伽利玛出版社：

N°35："视觉领域"（Le champs visuel）（1987）

N°44："图像的命运"（Destins de l'image）（1991）

4. 总体理论著述

普通语言学：

雅格布逊（Jakobson Roman）：《普通语言学论集》（*Essai de la linguistiquegénérale*），巴黎，午夜出版社，1970 年。

索绪尔（Saussure Fernand de）：《普通语言学教程》（*Cours de linguistiquegénérale*），洛桑—巴黎，拜约特出版社（1906—1911），拜约特出版社，1974 年。

雅格布逊的著作汇集了 11 篇有关普通语言学的论文，阐述了语言学对其他人文科学所起的主导作用：人种学、精神分析学、文学研究、传播学。他因此为人类学成为索绪尔预示的"普通符号学"作出了贡献。

实用语言学著述：

现代语言学在致力于描述语言的运行之后，开始研究言语和话语，也就是研究语言在具体情境中的使用，即一说话主体在情境中的生产情况。某些做法、观察和结论涉及一般言语活动的运行。

奥斯坦（Austin John L.）：《说的时候，即为做》（*Quand dire, c'est faire*）（法文译本），巴黎，门槛出版社，1991 年。

这本书不厚，却很出名，它汇集了 12 场报告会的文章，在这些文章中，奥斯坦研究了个别的陈述，即那些"运用素"，这些运用素就是陈述本身所指明的（就像那些习惯的表达方式："我把你嫁人"或"我为你洗礼取名"），这些陈述不满足于说出事物，而是去做事物。

迪克洛（Ducrot Oswald）：《说与不说》（*Dire et ne pas dire*），巴黎，艾尔曼出版社，1972 年。

迪克洛重新回到了实用语言学方面，开始对词语传播中的"空白"感兴趣：前提、暗含成分、说话所漏过的但可使词语传播获得丰富性和复杂性的未说内容。

凯尔布拉—奥莱齐奥尼（Kerbrat-Orecchioni Catherine）：《陈述活动——论言语活动中的主观性》（*L'Enonciation. De la subjectivité dans lelangage*），巴黎，阿尔芝·柯兰出版社，1980 年；《暗指》（*Connotation*），里昂，PUL 出版社，1984 年；《暗含》（*L'Implicite*），巴黎，阿尔芝·柯兰出版社，1986 年。

在这些著述中，凯尔布拉—奥莱齐奥尼研究了在词语讯息之前和与词语讯息同时出现的意指，以及词语讯息如何表现这些意指。

雷卡纳蒂（Récanati François）：《透明性与陈述活动》（*La Transparence et l'Enonciation*），巴黎，门槛出版社，1979 年。

这本书也发掘了陈述与陈述活动的关系，它可以用做实用语言学导论书籍。

对分析语言学讯息有用的几本著述：

罗兰·巴特（Barthes Roland）：《写作的零度》（*Le Degré zéro de l'écriture*），巴黎，门槛出版社，1972 年。

在书中，罗兰·巴特重提了讯息的"自然性"怎样是意识形态的。

布尔迪约（Bourdieu Pierre）：《说话意味着什么》（*Ce que parler veut dire*），巴黎，费阿尔出版社，1972 年。

该书研究言语活动在我们的社会学表面所揭示的内容。

弗罗米拉格与桑西叶（Fromilhague Catherine et Sancier Anne）：《风格学分析导论》（*Introduction à l'analyse stylistique*），巴黎，博尔达出版社，1991 年。

综合性教材，介绍了当前风格学研究的主要方面。提出的方法有的可以用于"文学"文本，有的则不能。

达朗巴赫（Dallenbach L.）：《反射的叙事文》（取"反射的"一词的"中心反射"之意）（*Le Récit spéculaire*），巴黎，门槛出版社，1977 年。

是理解文学和图像中"中心反射"概念的必读书籍。

曼格诺（Maingueneau Dominique）：《话语分析的新倾向》（*Nouvelles tendances en analyse du discours*），巴黎，阿歇特出版社，1987年。

该书既是理论性的（在重新审视话语方面），又是方法论的（在提出分析工具方面）。

马散（Massin）：《文字与图像——13世纪到当代的拉丁字母中的形象化》（*La lettre et l'image—La figuration dans l'alphabet latin du XIIIe siècle à nos jours*），巴黎，伽利玛出版社，1993年。

是雷蒙·格诺（Raymond Gueneau）写序的1970年版的再版。这本书饶有兴趣地通过字母的历史和不同的文化举例展示了字母能力和它们的图像。

莫尼耶与佩拉亚（Meunier Jean-Pierre et Peraya Daniel）：《传播学理论导论：媒体传播的实用符号学分析》（*Introduction aux théories de la communicatio：Analyse sémio-progmatique de la communication médiatique*），德·博艾克大学出版社，1993年。

依据传播学理论和话语分析的成就，提出了对于视听——誊写讯息和对于其分析的新看法。

普通符号学：

罗兰·巴特："符号学要素"（Eléments de sémiologie），见于《交流》杂志，N°4，巴黎，门槛出版社；1964年。

这篇奠基性的文章标志着符号学在法国人文科学中的出现，在文章中，罗兰·巴特陈述了符号学的主要原理以及这门需要想象和建构的新学科的主要内容。

戴尔达勒 (Deledalle G.)：《符号理论与实践》(*Théorie et pratique du signe*)（对于皮尔士理论的介绍），巴黎，Payot 出版社，1979 年；《今天读解皮尔士》(*Lire Peirce aujourd'hui*)，德·博艾克出版社，1990 年。

符号学"佩皮尼昂学派"代表人物，皮尔士成果研究专家，他通过这些文章，使人们可以对皮尔士进行困难的读解。

艾柯 (Eco Umberto)：《符号学与语言哲学》(*Sémiotique et philosophie du langage*)（法文译本），巴黎，PUF 出版社，1988 年。

这本书是对符号学研究以及其与语言哲学关系从古至今的总体概述。通过历史介绍和对文学和哲学的多次参照，这本书提供了西方言语活动思考的历史的激动人心的全貌，以及对于众多概念的批评性读解："符号"、"象征"、"编码"等。《符号》(*Le Signe*) 一书（法文译本，布鲁塞尔，Labor 出版社，1988）重新概述了艾柯对这个概念的全部研究工作。

艾柯 (Eco Umberto)：《解释的界限》(*Les limites de l'interprétation*)（法文译本），巴黎，格拉塞特出版社，1992 年。

这本书"重新审视"了对于作品的接受与解释的概念，其中包括作者本人对这一主题的著名建议。这是一本有关真正的"阅读艺术"的内容丰富而精彩的书。

格雷玛斯 (Greimas Algirdas-Julien)：《论意义》(*Du sens*)，巴黎，门槛出版社，1970 年。

这是一本有关"巴黎符号学派"和其有关意指生产的动

力概念的参考书籍。

埃勒波 (Helbo A)：《社会讯息符号学》（从文本到图像）(*Sémiologie des messages sociaux*)（Du texte à l'image），巴黎，艾蒂里出版社，1983 年。

这本书尽管有点陈旧，但对于符号学的各方面传统（法国传统、盎格鲁—撒克逊传统、德国传统），它们的方向和它们的界限与应用进行了介绍。

维隆 (Veron E)：《社会符号》(*La sémiosis sociale*)，巴黎，PUV 出版社，1987 年。

这本书汇集了有关符号学对社会话语（媒体、政治、广告）的思考在十年中沿革的理论文章。

修辞学：

博蒂埃 (Bautier Roger)：《从修辞到传播》(*De la rhétorique à la communication*)，格勒诺布尔，PUG 出版社，1993 年。

该书从修辞学的角度分析了传播与主导之间的关系和能力问题的常在性。

封塔尼埃 (Fontanier Pierre)：《话语修辞格》(*Les Figures du discours*)，巴黎，弗拉玛里出版社，1977 年。

该书为介绍修辞格修辞学的"经典"著述，直到 20 世纪之初，一直用于"修辞"年级的学生（高中阶段的学生——译注）。该书内容完全、严格，并带有插图，对于我们来说，是一部有关 19 世纪"很会说话"的艺术的资料。

让克莱维奇 (Jankelevitch Vladimir)：《讽刺》(*L'Ironie*)，巴黎，弗拉玛里出版社，1978 年。

该书论述了一个"修辞格"的名称是如何也可以与一种哲学态度相一致的。

Mu 小组（Groupe Mu）：《普通修辞学》（*Rhétorique générale*），巴黎，拉鲁斯出版社，1970 年。

第一部按照一般过程意义而不再是仅仅按照语言学意义编写的有关修辞学的综合性著述。

精神分析学：

弗洛伊德（Freud Sigmund）：《梦的解析》，（法文译本），巴黎，PUF 出版社，1971 年；《风趣话及其与潜意识的关系》（*Le Mot d'esprist et ses rapports avec l'inconscient*），（法文译本），巴黎，观念出版社，1974 年。

这些著述，已经不需要进行介绍。但在我们看来，当人们关心图像的时候，似乎必须了解弗洛伊德有关梦和其产生的视觉再现的论述。同样，阅读《风趣话及其与潜意识的关系》，对于搞清楚幽默、滑稽和风趣这些概念是非常有用的，因为人们在匆忙地被定名为"幽默的"某些图像中还会看得到他们的运用。

蒂塞隆（Tisseron Serge）：《图像的分析学——从图像到潜在图像》（*Psychanalyse de l'image, de l'imago aux images virtuelles*），巴黎，杜诺德出版社，1995 年。

作者摆脱了仅仅参照图像内容的做法，而是关心每个人与图像所维持的心理的和实际的关系类型。

传播学：

巴特松（Bateson G. Et al.）：《新传播学》（*La Nouvelle communication*），巴黎，门槛出版社，1981 年。

该书是对"新传播学"主要代表（巴特松、戈福曼［Goffman］、哈勒［Hall］、瓦兹拉维克［Watzlawick］）已经属于"经典的"文章的介绍，该学派不再把传播学定义为两者间的关系，而是定名为一种循环的和相互作用的系统。

布努（Bougnoux D.）：《连环画传播》（*La Communication par bande*），巴黎，发现出版社，1991 年。

该书是有关信息与传播科学的导论书籍，书中提到了 15 本连环画，以作为研究其几个主要问题的工具。

科斯尼埃与布罗萨尔（Cosnier Jacques et Brossard A）：《非词语传播》（*La Communication non verbale*），édi. Delachaux et Niesté，巴黎诺沙戴尔出版社，1984 年。

本书汇集了有代表性的有关方法与思考的以心理学为基础的文章，这些文章在今后探索非词语传播时将是"经典性的"。

哈勒（Hall. E. T.）：《隐藏的维度》（*La Dimension cachée*），巴黎，Seuil 出版社，"Points"丛书，1978 年；《缄默的言语活动》（*Le Langage silencieux*），巴黎，门槛出版社，"Points"丛书，1984 年。

在前一本书中，作者分析了人与人之间的空间管理及其意指（个人空间、家庭空间、公共空间等）的文化特征；在后一本书中，作者分析了时间管理（迟到、等待等）的文化特征。

乔斯（Jauss Han Robert）：《接受美学》（*Pour une esthétique de réception*）（法文译本），巴黎，伽利玛出版社，1978 年。

这是有关接受概念的开创性研究著述。乔斯将文学也看做是一种传播活动，是审美、伦理和社会生产的一种成分，这种活动要求与这种活动之前和这种活动之后的其他作品，以及与为其提供意义的公众之间建立一种辩证关系。

5. 有关固定图像的著述

理论著述与文章：

罗兰·巴特："图像修辞学"（Rhétorique de l'image），见于《交流》杂志，N°4，巴黎，门槛出版社，1964 年。

这是一篇奠基性文章，作者提出了图像符号学的基础性理论。

迪朗（Durand Jacques）："修辞学与广告"（Rhétorique et image publicitaire），见于《交流》杂志，N°15，巴黎，门槛出版社，1970 年。

这是一篇研究修辞学与广告之间关系的文章：提出了修辞格的分类，而尤其是解释了修辞学在广告方面的应用。

弗洛赫（Floch J-M.）："康丁斯基：一篇造型话语而非形象话语的符号学"（Kandisky：sémiotique d'un discours plastique et non figuratif），见于《交流》杂志，N°34，巴黎，门槛出版社，1981 年。

介绍了分析一幅"抽象"绘画的理论与方法问题。

Mu 小组：《论视觉符号；建立图像修辞学》（Traité du sign visuel；Pour une rhétorique de l'image），巴黎，门槛出版社，1992 年。

有关图像符号学研究的非常全的综述（从先驱者到最为

当代的研究者），它属于有关总体修辞学的更为广阔的研究计划的一部分。这部著作除了具有历史的和完美的特点之外，还让人有足够的空间去对于各种研究进行批评性阅读。

埃诺与鲁瓦（Hainault D. -L. et Roy Jean-Yves）：《张贴的潜意识》（*L'Inconscient qu'on affiche*），巴黎，奥比耶出版社，1984 年。

有关精神分析学和广告图像之间关系的少有的理论著述之一。作为"有关广告诱惑力的精神分析学论述"，这本书是致力于揭示广告所表现和所隐藏的东西的一种广泛的分析性调查报告。

霍尔兹—博诺（Holtz-Bonneau）：《图像与电脑》（*L'Image et l'Ordinateur*），巴黎，奥比耶/INA 出版社，1986 年。

在图像和文本的信息处理的普及化时代，这本书是有关这些新的再现方式、它们在创作和传播上的偶然性的一种思考。

马兰（Marin Louis）：《符号学研究——绘画书写》（*Etudes sémiologiques—Ecriture peinture*），巴黎，克兰克斯出版社，1971 年。

提出了绘画符号学研究的方方面面。

梅斯（Metz Louis）："在相似之外，图像"（Au delà de l'analogie, image），见于《交流》杂志，N°15，门槛出版社，1970 年。

参考性文章，它是第一批指出不能将图像压缩为相似的文章。

蒙坦东（Montandon A et al.）：《符号/文本/图像》

（*Signe/Texte/Image*），里昂，塞祖阿出版社，1990 年。

（少有的）一次研讨会论文汇编，它汇集了 11 篇有关"肖像文本"（icono-texte）概念的文章，这一概念是将造型与词语结合在一起的语言学讯息。它对于"理解书写法和拼版的所谓视觉性来源和理解作为完整对象的书籍（图画、张贴等）的存在"是非常必要的。

穆尤与泰图（Mouillaud M. Et Tétu J. -F）：《日报》（*Le Journal au quotidien*），里昂，PUL 出版社，1989 年。

该书第一部分（泰图著）研究了报纸的视觉组织情况（拼版，插图）并发掘了其引起的意义。

佩尼努（Péninou Georges）：《广告的智慧》（*Intelligence de la publicité*），巴黎，拉封出版社，1972 年。

该书仍然是有关符号学与广告之间关系之思考的参考书。

寇（Queau Philippe）：《潜在性、效能与晕旋》（*Le virtuel, vertus et vertiges*），尚瓦隆/INA 出版社，1993 年。

继《对于模拟的颂歌》（*Eloge de la simulation*，Champs Vallon/INA，86）之后，这是对于"新图像"的批评性和"非悲剧性的"分析。

圣—马丁（Saint-Martin F.）：《视觉性言语活动符号学》（*Sémiologie du langage visuel*），魁北克，PUQ 出版社，1987 年。

这是关于"场所"符号学的论著，它区别于更为传统的研究，不论是欧洲学派的还是盎格鲁—撒克逊学派的。这种综合理论致力于视觉言语活动的感知和空间特征，介绍了对

162

于视觉讯息即肖像讯息而非形象讯息的读解基础。

塔迪（Tardy M.）："图像分析——关于基础性操作的思考"（L'analyse de l'image—Sur quelques opérations fondamentales），见于《图像与圣物的生产》（L'Image et la Production du sacré）一书，巴黎，克兰克斯出版社，1991年。

在这篇短文中，作者（因其著名的《教授与图像》[Le Professeur et les images]一书而出名）重新审视了图像分析方式和分析所提出的问题。

有关固定图像的教学和综述著作：

奥蒙（Aumont Jacques）：《图像》（L'Image），巴黎，纳当大学出版社，1990年，第二版，1999年。

这部著作主要论述了所有视觉图像的共同点。从视觉的生理学研究到"艺术部分"，作者研究了想象问题、机制问题、观众问题及图像本身的问题。

科居拉与佩鲁泰（Cocula B. Et Peyroutet C.）：《图像的语义》（Sémantique de l'image），巴黎，德拉格拉出版社，1986年。

这是一部教学性非常强并建立在许多例证基础上的著述，它想在研究对于固定图像的理解方面（视觉、视觉讯息的不均质性、或是解释与潜意识之间的关系）建立一定的方法。

科尔努（Cornu G.）：《广告图像符号学》（Sémiologie de l'image dans la publicité），巴黎，组织出版社，1990年。

是关于广告中借助于图像进行书写的研究著作。作者依据许多实例，使用了当前符号学的方法，同时阐述了广告图像的创作与解释。

库尔泰（Courtes Joseph）：《从可读到可视——莫伯桑一个中篇小说和本亚明·拉比耶的一本连环画的符号学分析》（*Du lisible au visible—Analyse d'une nouvelle de Maupassant et d'une bande dessinée de Benjamin Rabier*），德·博艾克大学出版社，1995 年。

这是"巴黎符号学派"的一位主力对于虚构和视觉领域进行的具体和严格的符号学应用。

弗洛赫（Floch J. -M.）：《符号学，营销学与传播学——依据符号和战略的考虑》（*Sémiotique, marketing et communication—Sous les signs et les stratégies*），巴黎，PUF 出版社，1990 年。

这部著述教学性非常强，读起来也令人津津有味，它汇集了 6 篇文章，指出了在对营销和传播的分析和操作概念中的符号学应用。其最近的一部著作《视觉同一性》（*Identités visuelles*），巴黎，PUF 出版社，1995 年，对于企业的逻格斯和其他视觉再现使用了同样的分析方法。

弗莱斯诺—德吕埃勒（Fresnault-Deruelle Pierre）：《图像的说服力》（*L'Eloquence des images*），巴黎，PUF 出版社，1993 年。

这是一部处于图像符号学与图像修辞学之间的著述，它分析了多种图像（照片、张贴、明信片、连环画、报刊插图等），尤其强调与载体有联系的意义效果。作者在另一部著述《张贴图像》（*L'image placardée*，巴黎，Nathan Université 出版社，1997）中，对于张贴广告、其不朽性和其在城市中的张贴，以及对于作为不同视觉再现方式的读解，进行了研究。

戈蒂埃（Gauthier G.）：《关于图像及意义的 21 讲》（*Vingt et une leçons sur l'image et le sens*），巴黎，艾蒂里出版社，1982 年。

这些讲稿强调的是图像及意义问题，而不是与之邻近的审美问题。它探索了一些关键性问题，如空间的再现、时间的再现、形式或者还有对象的再现等问题。

乔丽（Joly Martine）：《图像与符号》（*L'Image et les Signes*），巴黎，纳当大学出版社，1994 年。

这部著作阐述了图像符号学的最重要研究成果，依据例证指出了这些理论成果是怎样对于理解图像在我们社会中的演变是有用的。书中研究了各个时代对于图像的一种疑虑的本质，这可以看做是对于报刊照片的修辞学的一种研究。

马兰（Marin Louis）：《论图像的能力》（*Des pouvirs de l'image*），巴黎，门槛出版社，1993 年。

在这部作者去世后出版的著述中，作者分析了一些所谓"文学的"文本（从拉·封丹到尼采，或是到瓦萨里，中经莎士比亚或帕斯卡尔），这些文本都告诉了我们图像的能力。

艺术审美和历史著述：

卡恩（Cahn I.）：《绘画的边框》（*Cadre des peintures*），巴黎，艾尔曼出版社，1989 年。

这是一本有关绘画边框的非常有教益的小书。

弗朗卡斯泰尔（Francastel Pierre）：《绘画与社会——一种造型空间的产生与毁灭：从文艺复兴至立体主义》（*Pein-*

ture et société—Naissance et destruction d'un espace plastique：*De la Renaissance au cubisme*），巴黎，德诺艾尔出版社，1977年；《形象与场所——意大利文艺复兴时期的视觉秩序》（*La Figure et le Lieu—L'ordre visuel du Quattrocento*），巴黎，伽利玛出版社，1980年。

是理解西方透视再现的蕴涵、选择或拒绝的必读书籍。

贡布里齐（Gonbrich Ernest H.）：《艺术与幻觉——绘画再现心理学》（*L'Art et l'Illusion—Psychologie de la représentation picturale*）（法文译本），巴黎，伽利玛出版社，1971年。

这部著述教学性很强，它借助于众多的举例阐述了艺术创作中的饥饿心理特征。这部著作既是博学的，又是论证性的，它分析了风格、相像、典范等概念和"艺术幻觉"及其与观众的关系。我们还可以参照同一作者的重要的《艺术及其历史》（*L'Ar et son histoire*）一书，该书1963年在法国出版。

康丁斯基（Kandinsky Wassily）：《全集》（*Ecrits complets*）（法文译本），巴黎，德诺艾尔出版社，1989年。

该书汇集了康丁斯基的主要著述：他作为抽象艺术先驱者的绘画，而尤其是他在"博豪斯学院"的讲课内容。这所艺术学院（准确地讲是："建筑学院"）于1915年由建筑师瓦特·格鲁皮尤斯（Walter Gropius）在威玛创立，接受了许多画家作为教授，人们还有必要阅读保罗·克雷（Paul Klee）或约翰内斯·伊坦（Johannes Itten）（关于颜色）的教学著述。

帕诺夫斯基（Panofsky Erwin）：《艺术作品及其意指》

(*L'Oeuvre d'art et ses significations*)（法文译本），巴黎，午夜出版社，1969 年；《透视作为象征形式》（*La Perspective comme forme symbolique*）（法文译本），巴黎，伽利玛出版社，1975 年。

作者在解释肖像方面（肖像学的基础）是很出名的，他在解释透视再现方面也是很出名的，他把透视再现解释成为象征符号，而不是解释成为视觉模仿。

有关摄影的著述：

罗兰·巴特：《转绘仪》（*La Chambre claire*），巴黎，伽利玛出版社，1980 年。

这是作者去世后出版的著述，该书代表了作者对于摄影图像的最后的思考。"曾经是"概念把摄影图像介绍成是痕迹，同时谈到了这样做带来的理论和实践内容。

博莱（Bauret Gabriel）：《摄影探索》（*Approche de la photographie*），纳当大学出版社，"128"丛书，1992 年。

该书后附的参考书目是很有用的，可以使我们深入进行书中所介绍的（美学的、社会历史学的、符号学的）探索。

布尔迪约（Bourdieu Pierre）：《摄影，一门中等艺术》（*La Photographie；un art moyen*），巴黎，午夜出版社，1965 年。

是对于家庭照片及其在集体凝聚力功能方面的社会学探索。

迪布瓦（Dubois Philippe）：《摄影契约》（*L'Acte photographique*），巴黎，纳当大学出版社，1990 年、1999 年。

是关于摄影的历史、摄影自出现以来从理论上被考虑的方式和摄影所依靠的主要视觉神话的综合性著述。

勒玛尼（Lemagny Jean-Claude）：《阴影与时间——关于摄影作为艺术的论述》（*L'Ombre et le Temps—Essai sur la photographie comme art*），巴黎，纳当出版社，1992 年。

副标题指明了这部很厚著述的内容，它以挑战的和哲学的观点重新审视了摄影与艺术之间的关系。

苏拉日（Soulages Franois）：《摄影美学》（*Esthétique de la photographie*），巴黎，纳当大学出版社，1998 年。

这是一部有关在摄影方面进行创作的著述。